Philosopher's Stone Series

立足当代科学前沿

彰显当代科技名家

绍介当代科学思潮

激扬科技创新精神

策 划

哲人石科学人文出版中心

当代科普名著系列

Техника и технология

От каменных орудий до Интернета и роботов

# 技术与工艺
## 从石器到互联网与机器人

[俄罗斯] B. M. 罗津 著

张艺芳 译

姜振寰 校

上海科技教育出版社

## 内容提要

本书是俄罗斯著名学者 B. M. 罗津的匠心之作，凝聚了他对技术与工艺领域的深刻洞察与多年研究精华。在书中，罗津引领我们穿越历史长河，追溯技术的起源，并揭示了人类对技术认知的演变轨迹。他将技术发展划分为三大阶段："技术与魔法等同"的原始神秘时期，"经验技术向工程技术演变"的理性探索时期，以及后工业文明时代技术的高速发展时期。罗津认为，技术与人类同时产生，没有人类对自然的深刻思考，技术便无从谈起；同样，没有技术的发明与广泛应用，人就不能称之为人。

此外，作者认为，将工业生产过程中的方法、流程及规则等进行概念化，即形成了工艺。他以苏联早期工厂建造及工人村建设等具体案例，详细分析了工艺化的特点。同时，作者还聚焦当下，深入探讨了互联网与机器人技术的迅猛发展，剖析其中所涉及的认知矛盾与技术挑战，激发读者对技术未来发展的无限遐想与深刻思考。

# 作者简介

В. М. 罗津(Вадим Маркович Розин),1937年生于莫斯科,哲学博士,俄罗斯科学院哲学研究所高级研究员、教授。研究方向包括科学及艺术的起源、技术哲学、工程设计的方法论等,出版《技术哲学——从埃及金字塔到虚拟现实》《工程及设计理念的演变》等作品。

CONTENTS 目录

# 目　录

001— 引言

001— 第一章　技术与工艺的研究方法

016— 第二章　技术的起源与认知

035— 第三章　技术和工艺发展的主要阶段

113— 第四章　工艺化的特征

164— 第五章　相关研究

215— 写在最后

217— 参考文献及注释

246— 译后记

# 引 言

读者可能会有一个疑问:笔者已经发表很多关于这一课题的文章,也出版了几本书,如2001年的《技术哲学》、2006年的《技术的概念及当代理念》、2012年的《技术及其社会性》,以及2014年的《工程及设计理念的演变》,乍看起来,这些文章和著作完全可以解释技术这一现象,那么在本书中,笔者对技术还能讲些什么新东西呢?实际上,在笔者看来,在自己认知的每个阶段,虽然已取得了有关技术的丰富的知识,但是总体看来,在以往的研究中错过了某些重要方面,或者说忽视了所研究现象的另一面,即工艺。因此,有必要重新研究或探讨之前似乎已经了解的技术。这个问题的出现,并不在于笔者是否具备足够的技术哲学和方法学的专业知识,而是由研究对象本身的特性决定的。

技术及工艺是一种复杂的人文和社会现象。作为一种人文现象,它需要不断地被重新认识,因为思考者要不断面对它的新发展,同时人文学也会随着对这些现象的认知而发生改变。[1]作为一种社会现象,人们不会立即就认识到它的所有方面及特点,就像马克斯·韦伯(Max Weber)所说,在这一过程中人们很难摆脱祛魅*的影响。这与经济学中的一种情况比较相似。俄罗斯科学院院士、新经济协会主席 B. M.

---

\* "祛魅"一词源于韦伯所说的"世界的祛魅",又可译为"去魅""去魔""解魅""解咒",指对科学和知识的神秘性、神圣性、魅惑力的消解,它发生在西方国家从宗教神权社会向世俗社会的现代性转型中。——译者

波尔杰罗维奇(В. М. Полтерович)认为,在讨论经济学问题时,不能把经济学理论体系当作一成不变的律法和模式。他说:"经济学现象的多样性不可能基于有限的基本规律来解释。对这种情况的直观理解,导致统一理论原则转变为各种竞争性理念共存的原则。毫无疑问,经济学理论实现了其有效的功能,创造了必不可少的理解现实的工具(这些工具是对现实的理解,而不是对它的计算)。当然,只有在特殊的情况下才可以直接使用这些工具。其主要原因在于,不存在通用的经济学规律、经济活动具有异乎寻常的多样性,以及经济对象的快速易变性,其解决方法可能需要一种完全不同的科学研究方法。"[2]

本书第一章,研究的正是技术及工艺的哲学和科学特性,但是在这里笔者要重点提一下对技术的理解和研究的不足。首先,阐述了在研究中所使用的关于技术和工艺的基本分析方法,包括演化分析法、配置分析法、关联分析法及专题分析法。

在之后的研究中,虽然区分了技术和工艺,但是还不够明晰。工艺是技术活动的一个方面,而从概念上看,技术和工艺则是两种不同的东西,工艺自身发展所经历的三个阶段,构成了技术发展的第三个阶段,即技术的现代阶段。在对工艺的研究中,划分和分析"社会工艺化"的过程是非常重要的,它决定了当代社会的很多重要特征。具体来说,在本书中笔者不仅研究了"社会工艺化"在国家建设中的作用,还研究了苏联时期单一工业城市的形成。

首先要明确的是,技术的起源揭示了技术和人类是同时产生的,如果人类没有对可利用的自然要素的认知,技术就不可能产生。反之亦然,没有技术的发明及使用,人也不可能成为人。甚至还有一种观点认为,人也是一种特殊的技术,这在某种程度上为其他观点提供了支持。例如,认为人是一种生物体,是社会主体、个性、精神及肉体结合的生物,在一定的背景下,比如当我们谈到群体现象、养殖及安全要求等问题时,家畜以及狗和猫等也可能成为一种技术工具。很显然,应该重新审视关于技术的概念。

还有一个重要的问题,作为技术发展的第二个阶段,古代和中世纪初期典型的"经验性技术"是如何转变为"工程技术"的。在这一阶段,应该重点关注仍然被宗教及神力世界观所禁锢的对于自然的认知,这是非常重要的,因为它是实验技术发展的土壤。另外,还需要明确技术及工艺产生的时间,这个问题与上述技术起源问题密切相关。这两个现象在文化学中的认知,是很晚的事,是在18世纪下半叶及19世纪,而历史学家和哲学家们所谈的技术和工艺,却是在旧石器时代就出现了。也就是说,技术在很早之前就已经存在了,却不知为何没有引起人类的关注。

技术和工艺的现代发展,似乎可以体现在这三个技术成果上:原子弹、互联网和自动化机器人技术。这些成果使我们不仅要对技术进行重新审视,还要对自然重新认知。显然,除了在经典自然科学中被揭示规律的"第一自然",以及在社会科学中被描述了特性的"第二自然",还应该包括由人类根据"第一自然"和"第二自然"的知识所创建的"人工自然"。在上述技术构成(系统)及其涉及的对象中,人类打交道的正是"人工自然"。

# 第一章

# 技术与工艺的研究方法

## 演化分析法

一些与技术相关的现象,例如科学、教育、法律、爱情、哲学、神秘学等,它们都属于一种历史-文化构成,为了理解它们的本质和特征,就必须说明它们的起源。从这点来看,技术研究的首要方面是分析其起源和发展的主要阶段。这样,很自然地会产生一个问题:不研究起源不行吗?况且这不是技术史学家们应该做的吗?显然,不可以,不研究起源是行不通的。既然技术是一种历史-文化构成,那么它的发展必定蕴含着所有经历过的、隐含的、变化的各类情况。只有明白这一点,才能理解一个复杂历史-文化现象的形成和构造,并利用在其发展演变中发现的知识进行重构。

演化分析的基本方法相当简单。当我们分析某些发展中的客体时,需要从其初期简单的情况开始研究,然后利用前一阶段获得的分析结果,逐渐过渡到后续相对复杂的现象。这样循序渐进,直到达到研究对象的现有发展水平。很明显,这种分析方法仅适用于发展变化的研究对象,而且我们留存了一些研究该对象各种状态的演化关系的实证材料。[3]

笔者年轻的时候师从 Г. П. 谢德罗维茨基(Г. П. Щедровицкий)教授,学习了演化分析的方法。他认为,创造事物的逻辑是由其发展逻辑决定的,且其发展的一部分属于人工态,另一部分属于自然态。一方面,所研究现象的变化可以被理解为一种人为创造符号和活动的过程;另一方面,这也是一种不取决于人类且被客观因素限定的活动过程,这一过程记录了事物变化、复杂化和重组的自然历程。

谢德罗维茨基教授是从自然-历史的角度来研究发展的,而笔者则是从这一概念出发,重新审视了关于复杂现象发展的观点,经过十几年的积累才开始撰写关于历史-文化发展的文章。笔者在莫斯科大学读书时,方法论老师曾布置一个课题,即研究数学思维的演变,然而研究成果一直不能让人满意,特别是涉及古希腊数学形成的那部分。古希腊数学的发展是间断的,它的特征在文化交替中发生了巨大的变化。而且在后来的文化中,它又重新开始发展了,尽管其先前的一些构成已被同化,但事物本身却焕然一新。如此看来,必须把发展和形成的概念区分开。通常,在新文化形成的过程中,或者之前的文化发生巨大变革,或者现有的文化发生急剧变化,都会产生新的事物。虽然一个新的事物在产生之前,要具备一定的先决条件,但给人们的感觉仍然像凭空出现一样。事物诞生在一定的文化背景中,却又不是由文化及其现象转变而来的。比如说,破蛹成蝶,蝴蝶的诞生是蛹成长的过程,不能说蛹变成了蝴蝶。但是,当一种事物已经形成,它就会在其外部及内在的各种因素影响下逐渐发展起来。通常,为了清楚地解释复杂事物的演化,必须分析其形成和发展的几个周期。此时,"第一个周期"就可以看作"事物的起源"。[4]

采用这种方法需要讨论以下几个问题:技术与工艺是何时以及如何出现的,在形成和发展变化中经历过哪些阶段,哪些情形和状况(主要是文化)导致其发生了变化。

## 关联分析法

演化可以理解为一种历史-文化的重构,可以解释历史上的重大变化和转变,可以解释所研究事物组成部分的有机性和相互之间的关系。哈罗德·乔·伯尔曼(Harold J. Berman)在《法律与革命——西方法律传统的形成》一书的结尾"超越马克思,超越韦伯"一节中,有力地证明了马克思和韦伯对法律和社会历史的分析方法是不能令人信服的。特别是关于马克思的理论,他写道:"马克思寻找类似于物理学和化学中科学法则那样的科学历史法则。他在历史唯物主义中发现了这样的法则——例如,以下这项法则:每个社会中生产方式决定着生产资料所有者和非所有者之间的阶级关系,这些阶级关系转过来决定着社会的政治发展。这种一元论的公式似乎是解释一般社会生活中复杂事件的太过于简单化的方法,它在马克思的思想中具有两个重要的作用:它解释了现存制度和信仰的革命性起源;它为通过革命的方式攻击这些制度和信仰提供了基础。不过,现今甚至在物理学和化学中的因果关系的思想也更复杂了,而在社会理论方面,讲纯粹的因果关系法则已变得越来越不可能了。说政治、经济、法律、宗教、艺术和思想之间存在互动关系——而不把这些水乳交融般相互联系的社会生活方面分成"原因"项和"结果"项,是更准确的和更有益的。但这并不否认,某种关系和利益比其他关系和利益更重要和更有影响力。从决定论的态度倒退到相对论的态度,大可不必。"[5]*

伯尔曼非常准确地描述了一种新的研究方法,它不仅可以用来研究法律,还可以用来研究所有普遍的复杂现象,以及这些现象(如文化、政治、法律、经济、艺术等)的相互关联。他自己在研究中也使用了这一方

---

\* 此处译文引用了法律出版社 2018 年版《法律与革命(第一卷):西方法律传统的形成》(贺卫方等译)第 712—713 页的原文。——译者

法,即"关联分析原则"(或可称为"关联分析法")。它要求对"基本文化场景"(世界图景)、社会机构、经济、权力、职业组织、个体进行相互关联的分析,并研究这些文化子系统和实体。这些对象一方面是由之前的文化状态决定的,另一方面也决定了之后的文化发展情况。这意味着文化必须被视为一个形成和发展的整体。在研究文化问题时,既要分析客观存在的非个性化过程,又要研究在认知不同文化概念时的主观过程。

笔者在研究古代文化时也采用了这一方法。[6]在论文《古代文化的形成条件和特征》中,笔者分析了构成古代文化的三个基本要素:群体和阶层的积极作用、古代个体的形成,以及理性思维(哲学和科学)的出现。它们不仅导致了一个新的、包含两种不同意识形式(哲学、科学和艺术中体现出的宗教神话和理性)的社会有机体的诞生,而且还创建了规则。群体、阶层和个体的发展,以及思想的形成,导致了新的权力结构、法律和国家的出现。社会和个人试图通过实现法律、正义、共同利益、自由和平等的理念,控制和管理国家,但迄今为止还没有成功。如果说在传统选择方面宗教巩固了社会组织,那么在和平解决冲突方面,法律则进一步进行了加强。正如亚里士多德(Aristotle)所说:"预防公民骚乱是立法者的责任。"[7]哲学通过构建个体思想意识来巩固社会组织,它确定了社会现实和具有社会意义行为的价值取向。在这一时期之前,法律还没有真正发展到影响权力的程度,政治也没有发展出独立存在的空间,社会虽然有了自我意识,但还无法完全掌控国家。

笔者在本书中使用这一方法,对"非集中式整体"的不同方面进行匹配和关联性分析,以便我们能够理解古代个体、文化和法律的本质。在使用关联分析方法解决其他问题时,研究人员必须找到另一种"非集中式整体"。在这种情况下,构成"非集中式整体"的可以是古代文化、群体和社会,指号过程(semiozis),新的社会实践和愿景,社会制度、个体和思维,以及其他一些构成物。

## 配置分析法

下面谈一下分析和思考技术与工艺问题的第三种方法。笔者将其命名为"配置分析"(dispositive analysis)。它来源于 M. 福柯(M. Fuko)的"配置"(dispositive)一词。

在讨论复杂的文化历史现象时,福柯使用了"配置"的概念。关于技术,他认为,必须研究技术的配置。为了理解这一点,让我们来看看福柯所说的"配置"具体指哪些社会活动。

如果我们分析福柯这一创造性观点的发展,可以概括出以下情形。福柯选择了历史-文化这一重要研究途径后,开始分析表层事物——语言和事物(许多人可能还记得他的名著《词与物》)。从这一研究开始,福柯对"话语"产生了兴趣,"话语"最初被理解为关于事物和世界的语言表述。然而,福柯在最初开始分析时就已经暗示了语言和事物存在的特殊背景,即一方面要从历史和文化角度研究社会实践,另一方面要从社会角度进行研究,例如,在权力控制的背景下。

受伊曼努尔·康德(Immanuel Kant)思想的影响,福柯开始分析那些决定语言和事物存在的条件。福柯首先研究的是标准化语言表述的规则,其次是事物形成、建立规则并运行的一种实践。[8]

按照逻辑关系,福柯的下一步研究方向是从寻找决定性因素和条件(这里指关于规则与实践的因素和条件)转向对权力关系的分析。这三个分析层面都是基于配置的概念,关于这一点福柯在研究关于性史资料时进行过最详尽的分析。同时,在思维活动的这三个阶段中,也出现了对传统理念的批判。因此,福柯的话语概念有两种不同的含义:"公共"话语,即由公众表达意识的话语和在科技、哲学文献论述中的话语,以及由研究者(这里指的是福柯自己)发现和重建的事物真实状态的"隐藏的话语"。一方面,福柯不断地描述并严厉批评公共话语;

另一方面,他重建和分析了隐藏的话语。例如,他认为在资产阶级社会中,性不仅没有像许多作者所叙述的那样受到鄙视或压制,相反,它却获得了各种形式的鼓励和支持,促进了权力关系的实现。

因此,福柯的方法是一种从公共"话语-知识"到隐藏的、可重构的"话语-实践",它使研究人员能够理解所研究的现象(如"性"或"疯癫")是如何形成、存在、转变,并与其他现象发生关系的。反之就是从相关的社会实践到隐藏的和公开的话语。用本体论形式概括福柯的这一方法,就是"配置"的概念。

福柯写道:"我对这一概念的理解是这样的,第一,它是某种完全由异质元素构成的混合体,包括话语、制度、建筑设计、规范决策、法律、行政措施、科学言论及哲学表述,还有道德和慈善准则的混合体——这些都是可以表述出来的,还有一些是无法表达的构成——这些都是配置的元素。配置本身就是一个可以在这些元素之间建立的网络。

"第二,我想特别关注的是'配置'概念中这些异质元素之间相互关联的性质。因此,某些话语可能作为某一制度的纲领(即公共话语——B. M. 罗津),也可以被视为一种元素,对某种本身仍然隐藏的实践进行辩护和掩饰(这种实践被重构为一种隐藏的话语——B. M. 罗津),或者最终,完成对这种实践的重新思考,以进入一个新的理性范畴,而在这种情况下,我们才可以提及确保变革和发展的条件。

"第三,我所说的'配置'可以理解为一种构成,其在当前历史时刻最重要的作用是满足某种迫切需求。因此,配置具有重要的战略功能。"[9]

运用配置、话语、权力关系等一系列概念,福柯分析了同时作为历史-文化和个体心理构成的系列现象,比如"性""疯癫"等。研究表明,现代对性的理解在某种程度上仍然沿袭了 17 世纪和 18 世纪性概念初步形成时的一些观点,而一些实践活动,如基督教忏悔、医疗和教育监管、惩罚罪犯等行为,在某种程度上强化了压迫和控制的因素。用福柯的观点来看,所有这些都使得权力关系扩展到人类行为的新领域。通过分析,福柯成功地证明了性现象不是一种纯自然现象,它只是具有部分生物学性质,而实际上却是一种历史-文化现象,甚至可以说是社会技术现象,它是由社会实践和理念决定的。

基于这些观点,可以得出一个结论:如果我们分析的对象是技术的配置,那么这就意味着我们要研究技术话语(公开的和隐藏的),创建和运用技术实践,形成实践和话语的权力关系网络。

笔者在本书中所用的方法结合了自己的传统方法论思维和福柯的观点,也有部分 M. 海德格尔(Martin Heidegger)的观点,现在通过下面的方式了解现代理智思维的情况。

- 创建一个学科是现代思维的产物,学科包含了通过思考来组织的知识、概念、理想对象、方案。从功能上讲,学科致力于解决两个基本任务:描述并解释"学科学"(Дисциплинария,方法学家 S. V. Popov 提出的术语)有关的研究对象,以及"学科学"对该现象本身产生的重要社会影响。

这里关于技术现象的思考是笔者对这一现象的观点和态度。现代思想通常是通过思想交流而展开的,其他学科的思想家也可以通过不同或相反的方式,来看待和解释类似的材料和问题。正确思考的必要条件是理解这些观点,吸收可以赞同的观点,合理拒绝不能同意的观点,求同存异。

为了形成对主要交流者观点的理解,就必须分析相关的话语和概念。本书所进行的研究,即了解技术的话语和概念,且不限于福柯所指的内容。显然,在讨论某种现象时,即使是认识、思考和用语言表达的一种既定方法,也包括确定对这一现象施加的某种影响。[10]

与话语不同,理念要对现象进行某种哲学或理论的解释。可以假定,技术理念是通过某些话语展开的。

● 针对主要交流者观点而形成态度，至少要在两个方面进行"学科学"的自我定义：确定对研究现象产生影响的性质（我们称之为"社会意义的行为"），以及理解所研究现象的本质。笔者倾向于遵循福柯后来的理念，必须要尊重现实，感受其变化趋势，将人类行为与这些趋势联系起来，掌握并控制这些行为的形式和性质。就像海德格尔一样，必须从自我开始，改变自己的思维方式。对于其他人，就只能不断地去说服。

现象的本质并不是在开始某一研究之前必须先验性地确定的，相反，它是在研究进行的过程中被摸索出来的。然而，就像任何思想家一样，其不可能不因循某些习惯。特别是作为方法论思想流派的代表，多倾向于在历史、文化、文化认知或个体认知、活动及语言视域中对现象进行描述。重要的不是那些概念，而是通过自我思考以及对事物的真实感受来反思和纠正。

技术本质的揭示包括客观的认知过程和解释，相应地还有问题化和经验验证，以及创建理想对象、概念、方案和知识的组织系统。

● 从方法论来说，现象的本质是由"配置"的概念定义的。某些现象的配置，是把这一现象作为理想客体进行的描述，包含了该客体组成的各个方面。要从某种程度上考虑对这一现象的论述所进行的分析，这有助于解释与这一现象相关并对其产生影响的问题。配置建立了一个完整但多相的客体概念。从现实角度说，这个对象可以被认为是"可实现的对象"，例如，可实现的技术和工艺。因为思想家在分析话语时，会将令人不满意的情况视为问题，并试图对其感兴趣的现象施加影响。在进一步研究和建立一个描述并解释该事物的学科的过程中，可实现的事物变得清晰、明确和具体，甚至人们可以在必要时对其进行改变。在构建这门学科时，配置被用作方法论计划方案和潜在对象的配置形式，因此，这一学科可以称为"配置学"（Диспозитивной）。

● 现代思想交流的一个必要条件是进行反思和发表反映学者思

想的著作,以及公开思考原则和方法,将自己的观点和愿景与其他学科的观点进行比较,努力使自己的话语清晰易懂。

● 思想交流和思考本身的另一个必要条件是完善自我,即针对自己的认识、理解和思维进行研究,在必要时改变认知和心理状态。也就是说,要先使自己进入一种可以有效思考的状态。

● 此外,建构所研究现象的本质,需要根据思考者摸索实践的社会行为性质及其论述,且现象的本质也必须符合其描述的界限。而后者是在研究现象的历史和社会性(社会实践、社会经验、社会关系等)时所作的一种选择。比如,福柯关于"性"的概念与他对社会可能对这方面产生影响的理解,有非常大的关联性。同时,福柯也对关于"性"的过去和现在的研究,有着深刻的理解。

在描述一种现象(例如技术)时,是否有必要跨越界限?要回答这个复杂的问题,就必须理解对这一现象进行历史和社会描述的意义。一方面,这种描述将研究现象纳入一个更广泛的整体(历史、社会、文化)中,提出了现象"存在的空间";另一方面,它可以使研究者自己对这一整体进行定义。后者是必要的,因为思想家在研究这一现象时,必须采取一种明确的立场,作为其开展讨论的基础。在这种情况下,这种立场应该允许思想交流的其他参与者保留自己的话语。换言之,这种立场应该是所有思想交流参与者的共同立场,同时每个人都可以坚持自己的"主张",保留自己对现实的看法和理解。

正是历史和社会性才能成为思考和社会活动的共同基础,否则无法自然地理解它们。历史和社会事件并不完全取决于人所处的空间和现实。如果特别关注历史或社会事件,就会发现,是人类创造了历史和社会,同时也塑造着人类自身。对于历史和社会生活的其他参与者来说,这些人所创造的事件是作为客观条件而存在的,一切(所有人)仿佛都不可避免地参与其中。这里的共同点不是人类之外的现实,而是人类所发现、遵循内心思考并创造出来的条件,其中部分是物质条件,如自然现象、生物体、人工产物,部分是意识条件,如符号学、相互作用、相互关系等。在历史方面,指人类特有的关于社会变革的自决性;在社会方面,则指历史进程。在这两种情况下,思想为人类不得不应对的可实现的变革创造了条件。因此,现代思想的客体在现实中是可实现的,是符合历史和社会变革需要的。

事实上,在福柯的著作中,他通过对17—18世纪形成的压制性权力关系和社会实践的隐性批评,把自己定位为革命家,不仅为马克思主义社会行动的性质进行辩护,而且把"性"的本质当作社会病理学现象来解释。有些思想家将这种解读与历史和社会性相结合,从而促进了相关历史和社会流派的形成,而另一些思想家(例如笔者)则是在其他基础上纳入历史和社会性,从而创建了另一个研究学派。福柯和笔者都是从历史和社会现实的角度来思考"性行为"的,并且揭示了历史和社会性进入现实的方式,尽管存在差异,但是为两种观点之间的相互影响提供了条件。

为了更容易地理解这里所描述的方法学的某些方面,可以参考下面的示意图。

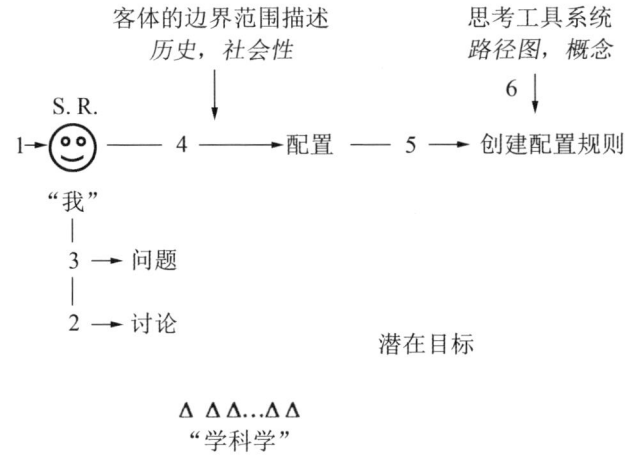

配置分析示意图

在这里，符号△代表思想交流的参与者，符号 S. R. 表示思想者的"主观背景"（包括价值观、愿景、对社会重要活动的理解）。箭头的编号表示路径图的阅读顺序和思维工作的性质（类型）：箭头 1 代表针对自身的工作，箭头 2 指的是分析和评论话语，箭头 3 是问题，箭头 4 是创建一个配置，箭头 5 代表建立话语规则，箭头 6 表示构建流程、概念和理论。

让我们在文化视域下和不同的话语（概念）中来研究技术。

## 专题分析法

还有一种情况对全面理解和研究技术增加了困难，就像理解其他复杂现象一样，那就是科学研究是建立在理想化（创建理想对象）和逻辑推理的基础上的，只能突出所研究现象的某一个方面。这样，我们就需要在哲学、文化学、人类学、社会学、现象学等不同学科及领域来研究技术。无论是哪种学科，其都是从自己的角度来理解技术的，而无法从整体上掌控技术。

当然，哲学应该来解决整体呈现和掌控的问题，但是从现代研究来看，它还没有做到这一点。"专题分析法"包括整体论方法，即将技术视为一个整体来研究，也包括普通的示构方法，即创建方案与概念，在一定的话语中获得知识，甚至自我认知。这正是应该填补的一个空白。

简言之，这种分析的特点是先把现象分解成各"专题"*，然后进行分析研究。所研究现象的切入点，比如计划、对象，既是一种独立的现实，又与一些作为该专题存在的必要条件的其他课题密切相关。虽然技术的配置学科应该包括对其所有专题的描述，但单个专题可以被视为具有特定逻辑和事件性的独立体。在下一步构建配置学科对这些专题进行描述时，会清楚地发现它们与其他专题的关系，而这些关系在专题建构中并未明确地提出。

---

\* 这里的"专题"来自古希腊语 τόπος，意思是位置、课题、论点。——译者

上述内容可以被看成是专题分析的第一阶段。在此阶段,现象保持一个整体,同时通过对被研究对象的表象所进行的认知,产生一系列专题,最终确定这一整体。考虑到这一特点,第一阶段完全可以把现象学课题列入研究范围。第二阶段,建立论述,通过演化重构或配置分析等方法进行推导,在个别专题上形成现象特征,并寻找各方面之间的关联。在这种情况下,重要的是不要把技术视为一种已经成型的现象,而是一种持续变化的现象。事实上,在第一阶段,我们已经了解到事物自身的一系列特征和差异;在第二阶段,则要以此为基础,借助其他一些知识和设想,将技术构建为一个理想的对象和配置。在建构和分析的过程中,要克服研究分析中常见的、对复杂现象的不同研究角度及其构成的各方面之间的非关联性。

在撰写一部关于社会分析的著作时,笔者想到了使用"专题"的概念,并对其相关方面进行分析。社会性就像之前提到的一些复杂现象,需要划分出几个独立的、具有各自逻辑的学科或领域来进行研究。同时,这些学科或领域虽然是独立的,但在某种程度上也是相互联系的,更确切地说是协调一致的,任何试图把它们归结为一个实体或本体的想法都是错误的,因为现在还不了解这一整体。具体来说,这里涉及社会性配置的五大专题:

- 研究者建构社会性的方法、价值观、框架;
- 描述分析有目的的及自发的社会变革;
- 描述社会行为主体之间的相互影响,包括社会、权力、社区、个体和个人;
- 分析社会变革过程中的社会活动的任务和特征;
- 阐述作为独特有机体的社会性。

在对齐格蒙特·鲍曼(Zygmunt Bauman)的《现代性与大屠杀》[11]一书的分析中,笔者曾对这些专题进行了阐述。第一个专题是研究大屠杀的意义和方法。具体来说,是那些鲍曼在研究中确定了的、作为一种社会现象的大屠杀的性质的一些观点。鲍曼努力在研究中体现历史文化观,按马克斯·韦伯的说法,他把大屠杀作为一种理想的典型结构,为在某种程度上理解这种可怕的现实形成机制。也就是说,他在自己的研究中采用了一种不是很有说服力的非自然科学方法,他既没有应用数学方法,也没有进行体现自然科学精神的实验,而是使用哲学方法论的方法,批判传统社会学和对社会现实的理解,而且他的人道主义倾向是显而易见的。

第二个专题是大屠杀的产生和形成过程。大屠杀是由纳粹策动发起的,包括一系列事件:纳粹夺取了政权,创造了最终解决犹太人问题的社会技术,以及其他纳粹技术(包括部署军队、意识形态、司法和青年教育等),并建立了新机构以便复制这些技术。这是一种社会变革,由此产生了第三帝国特有的新型社会形态。

第三个专题是分析纳粹精英、德国社会、专业团体、犹太人与其他遭受种族灭绝的民族,以及被视为德国盟友和敌对民族之间的关系。例如,最初,德国社会对于屠杀犹太人的行为和希特勒违反国际法的举动感到担心,从这个角度来看,他们实际上是不支持大屠杀的,然而,后来纳粹精英们在德国官僚机构和司法部门的帮助下,通过履行恢复秩序和保障民众生活的承诺,成功地说服公众支持希特勒的政策。

第四个专题是纳粹国家建立了一个复杂的社会创新管理体系。鲍曼实际上并没有考虑过这个问题,但是在关于纳粹主义的其他研究中,他曾分析过这个问题,例如,在 А. Б. 鲁达科夫(А. Б. Рудаков)的报告《社会监管——第三帝国国家安全总局的经验》[12]中。

第五个专题是描述纳粹国家和社会作为一个社会有机体的形成和运行。第三帝国内部环境的特点是建立协调一致的社会机构,以确保希特勒的目标得以实现。对外部来说,其目的则是征服或消灭其他民族。然而，希特勒既没有考虑到敌人的经济实力已超过德国的实际能力，也没有考虑到对德国军队的抵抗会迅速增加，更没有考虑到纳粹向世界提出的思想本身所具有的弱点和其反人类的性质。最终，他未能实现自己的计划，德国被打败了，纳粹的社会机构无法在与苏联和西方社会机构的斗争中生存下来。

现在来看看关于技术的专题。在已有的关于技术哲学的研究中，笔者强调了以下技术的一些特征，这些特征构成了技术的本质，也构成了我们研究的专题：

● 技术是人工产品。也就是说，技术不是自然的现象，而是人类的创造物，从最简单的工具到复杂的技术环境。

● 技术是产品的制造技巧。在最初阶段，技术不仅是人工产物，还是生产人工产物的制造技巧及活动。

● 技术是人类活动与自然的特殊结合。人们观察或研究自然的作用，然后组织自己的活动，确保这些自然效应可以有规律地再次呈现，以便可以有目的地再次使用它们。[13]

● 技术是一个不断演化的概念。技术的本质包括对其自身的认知。技术存在方式发生怎样的变化，以及它如何发展，这些都取决于人们在文化中如何理解技术、解释它的活动。[14]

● 技术是一种媒介。为了实现技术构思，必须要创造一种媒介——广义上的技术加工制造品，如工具、机械、机器、技术系统、环境。[15]技术活动的一个方面就是寻找和创造这种介质。

● 技术是人的"社会体"。从文化角度来说，技术被视为社会的一种条件和机制。在人类生活及社会运行中，技术和工艺发挥了重要的作用。

上述六个专题都是各自独立进行研究的。然而，它们也是协调一致的。也就是说，一些专题的特征不仅与另一专题的特征不冲突，而且某些特征还可以对其他专题进行解释。例如，一种人工产物同时也可以被视为一种媒介,工程学的概念定义了自然与人类之间的协同作用,创造中介的目的是形成人的社会体或社会性机制。这样就出现了一个问题:如果不同专题的特征都是独立研究的,那么它们将如何协调呢?值得注意的是,协调不同专题的特征,并在其他专题的基础上解释一些专题,并不能用系统方法的特性来理解,这六个专题形成了一个系统,只是我们还没有看到它们之间的关联。事实上,每个专题都是一个相对独立的科目,同时也是整体的一部分。当然,它们根据某种特征相互联系在一起,但是我们无法确定和描述这些联系及其构成的亚整体(метацелое)。因此,从方法论的角度来说,确定每个专题都是一个独立的科目和整体的一部分,并按照这一原则来进行研究,才是比较正确的做法。

如此,又出现了一个问题:如何将演化分析法、关联分析法、配置分析法、专题分析法等方法结合起来呢?如果各个方法之间没有相互关联,那么通过这些方法分析并描述那些科目领域之间的联系,合理地提出这一问题则是另一回事。显然,每个领域都可以划分出一些专题,可以把它们称为一级专题。在下一章中,笔者将采用这一方法来分析技术的起源和认知。也就是说,将划出两个这样的二级专题,如同种系发育和个体发育(人类以及个体的形成与发展)。有这样一种人类学假说:在个体发育中,孩子经历了某些发育阶段,这些阶段在结构上类似于系统发育阶段。这些阶段并不是简单的重复,而只是相似而已,因为人类形成和发展的条件与个体发育中个人形成和发展的条件有很大的不同。如果把种系发育和个体发育进行类比,在某种程度上,我们可以把古代文化特有的早期人类生命形式比作童年的开始阶段,而古希腊、古罗马时期则可以比作童年末期。存在于距今5000—4000年间的文化可称为古代文化。[16]在古代文化中,人们普遍认为,世界上居住着神灵,他们可以离开或进入他们的"家",这个"家"也可能是一个人的身体。人们不会轻易离开自己所在的家庭和部落,从孩子的角度看,他们觉得自己和父母是一个整体。

## 第二章

# 技术的起源与认知

**人类、语言和技术的起源是一个统一过程的三个方面**

查尔斯·达尔文(Charles R. Darwin)的理论是基于人类是一个生物物种的假设,但是他认为,人类起源于猿类不能用自然选择的理论来解释。除自然选择之外,还应引入性选择理论,而这一理论与现代基因理论的数据非常吻合。达尔文的理论是基于比较解剖学(如人与猿的相似性及返祖现象)、人类在不同种族中的变异性、胚胎学实证,以及从猿到人转变的古生物化石(如南方古猿、爪哇人、北京猿人等)。这一理论的薄弱之处是,仅将人类简化为一个生物物种。达尔文的理论解释了很多事情,却无法解释人类的意识和心灵是如何形成的,然而如果不对这一点给出解释的话,"智人"就不能被称为"人"。

А. Н. 列奥尼耶夫(А. Н. Леонъев)在其著作《心理发展问题》中写道:

> 人们仍然普遍认为,人类的种系发育是由生物进化规律支配的持续过程。表面看来,这提供了一个相当令人信服的图景,从最古老的人类化石开始,发展到现代人是一个渐进的形态变化,并将持续下去,甚至未来可能会形成一个新的人类

物种——未来人。这种观点是基于这样一种信念,即人类的进化遵循生物规律,它贯穿其种系发育的所有阶段,包括其在社会条件下的发展阶段。在这些条件下,假定生物特征的选择和继承仍在继续,这些特征就可以使人类进一步适应社会的需要。

然而,当代思想先进的古人类学家强烈反对这种人类起源的观点,以及由此产生的草率的生物遗传决定论。

这几个发展阶段与之前准备阶段的本质区别是,古猿制造工具,并且使用工具进行原始的协作活动。也就是说,产生了劳动和社会的萌芽形式。这改变了发展过程本身,出现了一个全新的规律运行规律,即社会、社会历史规律。[17]

但是列奥尼耶夫不是人类学家,因此他无意证明人类是如何产生的。事实上,目前尚不清楚为什么原始祖先需要制造工具,以及其如何在没有人类理性智慧的情况下实现这一点。关于类人猿号召群体的协作行为或偶尔使用自然工具的情况,也无从考证。戴维·麦克法兰(David Mac Farland)说:"很长一段时间,使用工具的能力被认为是区分人类和其他动物的标志。现在,我们对动物使用工具有了更多的了解,这种区分标志对我们来说就变得模糊不清了。"[18]苏联人类学家和心理学家 Б. В. 波尔什涅夫(Б. В. Поршнев)得出了一个更确定的结论:"如果某种动物不仅会'制造工具',而且会'制造用于制造工具的工具'会怎么样?我们在思想上把同样的事物提升到想要的高度,却没有真正地超越它。对于研究人类历史起源问题的所有技术方法,实际上都是从心理学方面反映出事物的实际情况。"[19]

对波尔什涅夫提出的批评是可以接受的,而他也不能令人信服地证明,人类活动和工具制造的转变与交流过程中语言的产生有关。按照波尔什涅夫的说法,语言形成的前提条件是人类祖先为了建立相互联系而出现的一些联想过程。也许在20世纪60—70年代,列奥尼耶夫和波尔什涅夫所提出的观点是可以令人信服的,就像社会生物学或进化认识论的思想对今天许多生物学家和人类学家来说是令人信服的一样。

在20世纪20年代,以М.巴赫金(М. Бахтин)为代表的苏联结构主义符号学学派的研究者В.И.瓦洛什诺(В. И. Волошинов)和Л.С.维戈茨基(Л. С. Выготский)针对人类起源和本质问题提出了一个有趣的解答方案。这些研究者在20世纪初将研究方向转向符号学和文化学领域。他们的观点是,个体社会化的标志和文化机制间接揭示了心理与生物有机体及其外部情况(如环境、活动、其他个体)间的联系。虽然这只是一种观点,但它标志着文化研究和符号学在这一时期迈出了第一步。下面,借助符号学和文化学的现代概念试分析这一观点。在笔者看来,技术观不能被抛弃,不能简单地从工具性来理解它,它也是一种方法,可能会阻止生物发展,也可能会建立非生物的社会行为。

让我们暂时换个话题。思考一下孩子在两三岁之前是如何成长的。孩子掌握了哪些技能?孩子是否适应了与父母亲的交流,并融入其中,专门学习这种交流?孩子学会将自己的目光停留在他人身上,包括观察他人的手、脸、眼睛和身体,学会将母亲说的话及自己学会说的话与具体事物和行为联系起来,并且学会配合行动,服从成年人的指令,把自己的活动与成年人的活动联系起来。正是在这个适应与学习的过程中,词语和其他符号产生了意义。当孩子能够思考或想象与单词和符号对应的事物时,他们的创造力就形成了。这是一个技术过程,因为指引孩子的不是生物需要,而是父母的行为。下面让我们更仔细地研究一下这个过程。

刚出生的孩子,其智力水平就和类人猿一样,如果没有极端情况发生,类人猿要经过100万—200万年的时间,才会演化成人类。但孩子是幸运的,他的父母会立即将他带入与人进行语言交流的生活环境。

孩子在哪些方面是主动的呢？一方面，自然是为了满足自身的生理欲望；另一方面，是为了增加对来自父母的体验。虽然父母与孩子是各自独立的主体，但在这一时期，他们在生理和心理上则是一个阶段性的整体。例如，妈妈对 2 周或 2 个月大的孩子微笑时，孩子也会神奇地展开微笑。现代心理学出现一种奇怪的观点：孩子一直在模仿母亲的行为。按照这一观点，孩子就几乎不能算作一个独立的个体。[20]

Л. С. 维戈茨基认为不是这样的，孩子和母亲不过是一个整体。这里要补充一点：孩子微笑不是因为他已经有了情感，他只是在模仿，因为作为整体的一部分，他被整体的另一部分（母亲的微笑）所引导。这些反应不能算作生物反应。当然，反对者可能会提出一个问题，即这种引导（控制）是如何进行的？事实上人们并不知道是如何引导的，更不知道其中的运行机制，但是相信推理是正确的。

如果一个孩子捕捉到一个微笑，尽管我们不知道他是怎样做到的，但是可以假设是通过视觉和内心的感觉实现的，那么这可以作为孩子体验世界的初始事件之一。一个孩子的活动是由于他抓住了一个事件，体验并享受它，他所存在的世界也因此不断地得到扩大和丰富。在这里，我们开始进行关于技术的下一步研究：孩子不仅仅是在扩展自己的世界和乐趣，他还不得不为此创造必要的条件。

很快，满足体验事件和扩大世界的愿望，成为儿童活动的主要目标和动机，也许这就是我们所称的兴趣的基础。然后，渐渐地开始出现玩具、说话的声音、父母的手、自己身体的姿势，以及父母和孩子本人，这一切都变成了孩子生活中的事物。换言之，所有这些现实都变成了孩子的工具。

那么，他们是如何感知父母或祖父母温柔的话语的呢？把孩子与父母结合在一起的事件，使他们无法分离。然而，不知从什么时候开始，一般在 1 岁以后，孩子会有一个天才的发现：他发现物体和声音可以构成独立的事件，并有可能通过单词的发音指向物体。"发现""指向"这些都不是生物反应,而是新的技术活动。在这种情况下,可以说明这个过程的机制,但不是用词语来完成,而是通过图画展示。下面,我们来举例说明。

父亲给1.5岁的女儿画了一个红色的太阳,对她说:"看,太阳是红色的、圆形的。"但女儿无法理解,她不能把纸上画出来的红色圆圈看成是太阳。太阳是在天空中照耀大地的,指着纸上的某个红色圆圈告诉她那是太阳,就属于一种欺骗了。几个星期后,女儿似乎在画中看到了太阳,孩子总是突然之间就改变了,不知道为什么。昨天给她看了太阳是如何落山的,并且还对她说:"看看太阳是多么红、多么圆啊,就像纸上画的一样。"对视觉感知的研究表明,一个人对某种物体的感知并不仅限于物体实物,还可以通过该物体的绘画资料来认知,甚至在没有任何视觉材料时,通过梦境或想象来认知。[21]那么,这时我们就会明白这一切是如何发生的。女儿相信,如果爸爸说"看!太阳",那么它一定在那里。这种设定或早或晚都会决定感知太阳的体验,可以通过红色圆圈来实现。同样,这个过程也不是由生物需要驱动的,而是由社会沟通驱动的,如果不进行技术活动和努力,那么这种蜕变就不会发生。这一刻,她开始把红色圆圈看成是太阳,当然,那不是普通的圆圈,而是画出来的红色圆圈。就这样,父母促使他们的孩子开始"看到"和"听到"单词的含义。[22]

这一"伟大的发现"将孩子的现实事件扩展了许多个数量级,因为随着语言的进步,孩子学会了创造事件,甚至创造出与之相关的更多的新事物。扩展事件的范畴及进入新的"语言世界"的必要条件是掌握经过理解的语言技术,包括记住事物的含义、学会为其命名、用不同的声音构成单词等。

很明显,正是符号的形成,即有意义的单词,以及之后出现的其他符号系统,如图像或音乐表达,这些技术行为的开展,将引领孩子从动物状态步入人类生活的广阔天地。[23] 逐渐地,经过2—3年,有的人也许会持续一生,孩子掌握了符号系统,整个世界对于他来说发生了改变。所有东西,包括他自己,现在都有未指定的称呼,正如伊曼努尔·康德认为,对于孩子来说,在事物自我呈现之前,可以当作其不存在。孩子会给自己所有不认识的东西起名,并在父母的帮助下认知。父母作为育儿体系的组成部分,要确保孩子理解符号的含义,并逐渐建立起严格规范的操作方式。

我们可以尝试在系统发育中,找到一些类似于个体发育的角色和过程。现在回到关于人类诞生的课题。

让我们的思维回到史前时代。当猿类群体(我们称之为类人猿),遭遇某些特殊的极端生存情况时,例如不得不从树上下到地上寻找食物,我们认为这是人类起源的第一个先决条件。研究表明,这一转变是由气候的急剧变化导致的生存环境巨变所引发的。第二个先决条件是,只有那些拥有强大的领导者和发达的信号系统的猿类群体才能够在这样的条件下幸存。第三个先决条件是众所周知的事实,原始人使用天然工具,比如石头、棍棒、骨头等,并可以领导及组织群体的联合行动。

动物使用的信号与我们所说的符号明显不同。信号主要用于指示出现危险、发现食物等,而符号则表示对象、行动或情况,为人们提供想象。例如,说到"大象",很多人就会明白指的是什么,尽管没有展示出一头真正的大象。但信号却不表达任何意义,而是特定情景下动物的本能反应。例如,在发生危险时,动物群体的首领会发出某种呼喊,使其他同伴知晓危险情况并采取行动。[24]

在上面提到的威胁猿生命的极端情况下,只有那些开始实现"令人难以置信的行为"的猿类群体才能幸存下来。而这令人难以置信的行为可以被解释为一种技术行动。为了解释这一行为,让我们来看看汤普森·西顿(E. Thomoson Seton)的《铁托》(*Tito*),它讲述了一只勇敢的名叫铁托的草原小母狼的故事。

铁托被一群灰狗追赶。"用不了多一会儿,它们就会追上它,把它撕碎。但是铁托突然停了下来,转过身走向灰狗,温顺地摇着尾巴。灰狗是特别烈性的动物,它们会追上并撕裂任何想要逃离的猎物。但是,如果猎物没有逃跑,并冷静地看着它们的眼睛,它们便立即不再把猎物看作敌人。事情就这样发生了。灰狗们散开后,疾驰掠过铁托的身边,但马上又困惑地回来了。灰狗不会攻击没有逃跑并向它们摇尾巴的动物。"[25]

如果概括一下,把这个例子上升到理论层面,那么就可以得出以下判断:动物的行为是反常的,即它的反应与直觉反应(生物行为)相反(例如,在面对危险时,动物没有逃跑反而会走向捕猎者),就是反常的。波尔什涅夫认为,类人猿的转变始于对习惯性本能和反射的控制。那么,为什么会这样呢?他并没有给出解释。笔者认为,反常行为是起点,这种反常行为作为中断生物行为和尝试生存新能力的一种方式,可被定义为"原始技术"[пратехнику,或称为"准技术"(квазитехнику)]。

当类人猿碰到野兽(如老虎、狮子、洞穴熊)时,群首领发现左右是陡峭的悬崖,后面也有野兽,显然已无处可逃。它就会像铁托一样,好像一瞬间"精神错乱":没有发出警报和逃跑的信号(喊叫),而是给出了完全相反的信号——"一切正常"。奇怪的是,掠食者被一群类人猿的不寻常行为惊呆了,后退并离开,以寻找其他食物。

为什么类人猿只有在下面的情况下,才可以平安渡过危险,即"一切正常"的信号不再是一个普通的信号,它脱离了其产生的环境。此外,类人猿必须要能够将危险的情况想象成一个平常的事件,否则它们无论如何都会逃跑。事实证明,它们必须一反常态:看到一件事,想象出完全相反的事物;听到一件事,却不相信自己的耳朵。作为读者,我们也是一样的。例如,我们此刻在某一时空中,体验着完全不同的事件：我们穿越时间，思考人类的起源等。

在日常行为中，信号是事件的一部分（元素）。警报信号根本不意味着警报本身，它恰恰是动物复杂行为（事件）的一部分。在类人猿矛盾的心理行为中，两个事件发生了冲突：一方面，它们看到了真正的危险；另一方面，首领对于群成员有强大的控制权，它们被迫遵循首领关于没有危险的指示信号。此类情况的反常行为，在当时是群体性的，动物仿佛要"摆脱自我"，表现出相反的、一种非常规形式的寻常反应（这也是原始技术的一方面）。

最终，信号不再被视为事件的一部分，它与新行为（情况、主题）发生关联，同时保持与旧行为的联系。信号、新情况及旧情况这三个元素之间的距离和压力，最终因信号的出现而解决。

根据信号的形成机制可以假定：信号形式与一定事物或情形应产生一种关联。在上述例子中，"一切正常"的信号与危险情形产生了关联。这种联系的必要性及有效性稍后再阐述，重要的是，这种联系不是固有的，也并非自然产生的，而是"社会性的"：它受到沟通和主体意志（首领的威力）的制约。在心理方面，在信号形式和事物之间建立联系的必要条件，是主体的技术活动，旨在重新定义情形，例如危险情况必须被当作平常的、安全的事件。

信号现在已不再是一个单纯的信号，而是一种表征新情况的符号，它表示或表达某种事件。信号产生的另一个背景，不是事件的一部分，而是沟通行为。当首领确定某个事件是新的异常情况时，群落成员会密切关注其将发出什么样的"信号-符号"。从这一时期开始，"信号-符号"被赋予酝酿新行为的某种情形的指令。在交流中使用"信号-符号"后效果倍增：一旦成员听到首领发出某种"信号-符号"，那么下一次他们就会在具体的行动中予以实现。

类人猿是如何学会成功地"精神失常"呢？主要是因为它们受首

领的意志支配。因此,它们将要求保持冷静的信号与新的情况联系起来,即它们开始标记这种情况,并最终成功地把危险的情况想象成平常的事件。也就是说,在反常行为的情况下,在信号的基础上形成了符号。与信号不同,符号不是这一情况的启动部分,但标记了这一情况。与在生物行为空间中发挥作用的信号不同,首领与成员之间的紧张关系需要通过交流来化解,而符号就在交流空间中应运而生。

沟通不是在动物所处的真实情形中建立的,而是通过首领的呼喊——符号,以及首领的权威影响,甚至是通过团队成员的积极活动,它们学会把符号与一定的情形联系起来,以便再现这些情形。随着符号的形成,最初的社会关系也形成了,我们可以称之为人类心理活动的萌芽。类人猿的符号和符号交流的行为实际上构成了初期的社会关系,根据一些情形的表征符号,把活动重新想象为其他形式,是人类心理的最初活动。后来,在此基础上产生了想象和创造。符号行为和情形再现这两个方面中断了生物行为,并开创了新的现实。从上述对技术的解释来看,原始技术形成了。

有趣的是,集体的协作行动与"天然工具"(石头、棍棒、动物骨头等)也形成一种自相矛盾的行为。让我们设想一下当时的真实情景:一群类人猿用石头砸碎一些果实,突然,一只老虎从灌木丛后面跳出来,由于恐惧,首领没有发出危险的信号,而是招呼大家继续砸果子。被首领的意志迷惑,群成员继续工作,抓起石头挥动,其中几块石头竟意外地落到老虎的头上。由于疼痛和惊吓,老虎跑掉了。后来,在类似的情况下,在首领的信号指引下,类人猿已经可以齐心协力地向野兽投掷石块和棍棒。这种行为对"群落"成员的影响是出乎意料的,即用一个事件代替另一个事件,成功地获得食物,赶走掠食者,解除危险。可以假设触发这种协作行动的信号也已成为一种符号。

最后,技术形成的第三阶段——开始制造工具。当然,在此之前,要对可以利用的自然力进行思考。我们先来看一个案例。假设早期原始人可能发现了一种情况：当把一根棍子靠在一块石头上，另一端压在另一块石头下时，通过按压这根棍子的自由端，可以抬起徒手无法搬动的重物。最初，这是一种原始人无法理解的可以利用的自然力，因此，从这个意义上说，它还不是一个工具。而当一个原始人不仅记住了他的行为，而且学会重复这一行为，并找到一种解释时，棍子就变成了工具。例如，他们认为，棍子中有一种对人类有用的物质或力量，如果请求它赐予这种力量，就可以抬起重物。[26]

我们来分析一下制造工具必须的两个条件。第一，需要一种媒介，即进行事先的准备活动。为了生产所需要的工具，要事先完成某些事，如找到一块石头，把它弄成碎片，然后再加工它们，等等。第二，发明或创造一些路径图，以便更好地理解事先需要做的活动。为了更好地理解第二个条件，让我们来看另一个案例：古人在日食情况下的行为。人类学家 E. B. 泰勒（Edward Burnett Tylor）指出，在图皮语\*中，日食被解释为"美洲虎吃了太阳"。至今仍然有些部落相信这种说法。在北方大陆，一些土著人相信有一只可以吞噬太阳的大狗，而另一些人则向天空射箭，以保护他们的太阳免受假想敌的攻击。然而，除这些主要观点外，还有其他一些观点。例如，加勒比人\*\*会想象月亮在挨饿、生病或

---

\* 图皮语是图皮人早期发明的语言。图皮语诸民族遍布于亚马孙河以南的地方，原住民在亚马孙河口到拉布拉塔河之间的大西洋沿岸及内地。——译者

\*\* 加勒比人（Carib）是泛加勒比族群的一个独立群体，加勒比族群是南美洲土著民族群体（Bakairi、Motilona、Carehona、Makushi、Wai-Wai、Arekuna 等），他们有共同的血统，讲加勒比语。——译者

在濒死中变得黯然失色……休伦人*认为月亮生病了,并试图通过射击和狗的叫声来治愈它"。[27]

我们注意到,在这种情况下,古人的行为就好像他们真的看到了美洲虎。但实际上,并没有所谓的美洲虎。"没有"是什么意思呢?就是物理意义上的不存在,从自然科学的现实来看,原始人对此一无所知。但是美洲虎是由语言,更确切地说是由"符号学流程"来确定的,它是作为一个心理学和符号学现实而存在于古人的意识中的。

由于人类还没有意识到路径图的本质,也没有自觉地构建它,因此,最好将这种符号学构成称为"准路径图"或"形象-意义的混合体"。在古代文化中,准路径图给出了这种现象的三个步骤:首先是语言表达,即必须要描述出来,如"美洲虎吃了太阳"或"月亮死了";其次是理解正在发生的事情,如太阳的圆盘变小是因为美洲虎吃了它;最后是要设想必须要做什么,如把美洲虎赶走。当人们看到日食很快就结束了,就会说美洲虎释放了太阳。换言之,古代人确信他们的理解是有效的。语言、交流和活动三大主要构成的结合,无疑是解决古代部落常见问题的重要条件。例如,当日食开始时,他们会因感到恐惧而不知道该怎么办。

路径图是一种符号学构成,是一种描述或图示,是由个体为解决问题而创建或发明的。路径图提出了一个新的现实,有助于理解和采取新的行动。

路径图的创建条件是在语言中用一些概念代替另一些概念。但是,路径图中最重要的不是能够取代指定的对象,而是提供一个新的观察视角和活动组织方式。新的观察和理解是新行动的条件。

---

\* 休伦人(Huron),又称怀安多特人、温达特人、休伦人,指操易洛魁语的北美印第安人,1534年为法国探险家卡蒂埃(Jacques Cartier)发现,当时他们住在圣罗伦斯河沿岸,已聚成村落。——译者

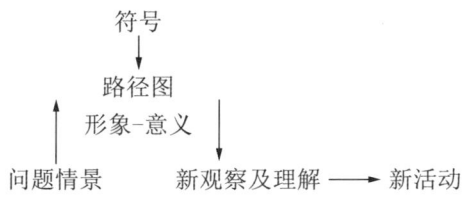

**路径图概念的方法学流程示意图**

泰勒所列的路径图使古人能够分析出中间环节,例如对空射击及发出尖叫。这些行动本身是毫无意义的,但是在一个新的路径图范围内,向空中射击和喊叫就获得了意义。古人认为,不是太阳消失了,而是美洲虎在攻击它。这也是间接行动的意义。可以假定,人类活动的每一次进步都与新路径图(流程图)的发明有关。制造武器的情况也是如此。例如,它可能是这样的路径图:石头里有一种可以帮助人的神灵,但它却困在坚硬的石头里,而在磨尖的石头里,神灵的力量会更加强大,相比其他种类的石头里的神灵,对使用它的人更有助益。一个强大的神灵喜欢人为它做一些事情,比如找到它,也就是找到坚硬的材料,然后请求神灵相助,把石头劈成片,帮助神灵走出藏身之地,再把石片磨光,帮助它集中力量。

在这里,有两点需要说明。第一,关于工具制造的性质。与人类在自然界中发现的天然工具不同,古人这时所制造的是最早的人工制造物,而且从某种程度来说,工具与路径图是不同的。在古代世界,人类并没有意识到发明了路径图(示意图、流程图),就像发明工具一样。这些路径图被认为是人类及其生活的世界不可分割的一部分。第二,对路径图(示意图)作出解释。

人类开始创建制造工具的路径图的时间并不是很久远,也许在新石器时代之前。在此之前,可能已经出现过一些"图示",即当时人们记住并重新呈现某些活动及其顺序,但尚未通过语言确定下来。文献中描述了这种情况,笔者也曾在自己孩子身上观察到这种情况。孩子总是会注意到母亲把他扔下的玩具捡回来放到学步车中。很快,他开始故意把玩具从学步车里扔出来,强迫母亲一次又一次地把玩具捡回来。这样,孩子不仅扩大了活动范围,而且逐渐意识到母亲的行为是可以控制的。这就好比,孩子每次对母亲笑,都会得到很大的满足。在这个过程里,他的行为最终是这样获得的:孩子首先记住了动作的顺序,他把玩具丢下,母亲来了,把它放回学步车;然后他明白扔出来和掉下去是一样的;最后他发明了一个新的动作——抛出玩具,就是为了让母亲把它捡回来。很难描述他所发明的具体内容,因为它在意识中是以图像的形式出现的。

接下来,让我们进一步解释一下人类的起源过程。根据上面所讨论的逻辑,创建交流和自然语言符号(单词),产生想象和记忆,通过创造这些符号,用来表示不同的情景和事物。原始人越频繁地产生这种自相矛盾的行为,信号就越来越多地变成符号,他们的行动也越来越有成效。最终,从逻辑上看,这个过程得以完成:自相矛盾的行为成为一种重要形式,变成了正常的行为,完全取代了旧的符号行为形式。对于整个群落来说,没有意义的情形、行为或事物,现在都不存在了。符号行为系统越来越复杂,符号的形成和使用催生了后续创建更多的符号,而这些符号又需要另一些符号,符号系统就这样逐渐地发展起来。

那么,出现这些矛盾和符号行为的类人猿后来发生了什么?它们必须适应新的条件,并进行改变。活下来的只有那些不再专注于信号和事件,而致力于创造符号的个体,那些在运用已有符号的基础上,由于想象和幻想而"暂时性混乱"的猿成为生活中的群体典范,它们成为创建并理解符号、使用符号劳作的猿。对新条件的适应,极大地改变了类人猿作为一个生物物种的自然发展过程。新的四肢运动类型、新的感知类型、新的心理活动和运动逐渐形成。在这种情况下,我们可以假设智人物种(Homo Sapiens)的生物学进化和形成,应该像居住在我们星球上的所有生物一样,在微观进化的常规因素(如自然选择、基因突变及其组合等)的影响下不断演变。为了适应交流,它开始使用符号和工具来进行劳作。共同协作的行为逐渐改变了猿的生物实体,并在这一基础上产生了一种过渡形式。它不再是猿,但也还不算是人,而是一种特殊的、适应变化的、正在经历蜕变的生物。

根据古生物学的研究,到第四纪末,这种过渡形态生物的适应期已经结束。也就是说,其身体,包括生理结构、身体器官、外表及感觉器官的功能,已完全符合交流、协作活动的要求,并适应了符号行为。由于人类行为已不再是生物行为,而已变成符号学(语言)行为,这些行为涉及使用工具,并且有组织性,因此可以被描述为技术行为。换句话说,人类的行为也是最早的技术。但考虑到对技术的认知为时尚早,暂时将这种现象称为"准技术"。而人类本身作为创造技术的必要条件,可以称为"身体技术"(энтропотех)。

## 作为特殊工具的父母、儿童游戏、童话故事和路径图(流程图)

读者读到这一节时,可能会认为笔者开始胡说了,父母怎么能成为孩子的工具呢?不过,这正是我要说的。似乎对于年幼的孩子来说,父母就是一切,是上帝。在某种程度上,确实是这样的。但从另一方面来看,从1.5岁开始,至多2岁,育儿系统的结构发生了变化。孩子已经可以区分自己和他的父母,但在意识中和父母还是一体的,就像古人,总觉得自己与家庭和部落是一体的。

孩子与父母或其他成年人(如幼儿园教师)之间的关系是双重的。一方面,父母仍然领导和指引孩子,他们看起来真的像神一样;另一方面,孩子越来越多地利用自己的力量和智慧,扩展自己的能力。如上所述,在幼儿时期,当孩子注意到母亲将他掉落的玩具捡回学步车,他很快会故意将玩具从学步车中扔出来,迫使母亲再次将其捡回来。

进一步发展下去,孩子学会使用更多的"技术手段",如哭泣、吵闹、抱怨等,强迫父母来满足他们的欲望。依靠父母,孩子扩大着自己的能力和潜力,就像我们通过技术、社会机构及交流来扩展能力一样。换言之,父母成为孩子的社会主体,几乎在父母去世之前一直是这样。说到社会主体,这里指的是两方面:一方面,孩子将父母作为一种特殊的工具;另一方面,孩子在这种行为中处于从属地位。就像手和脚一样,没有它们人类就不可能生活,但它们同样需要呵护,例如需要清洗、保暖、穿鞋袜等,否则它们就会出现问题。父母就像是被赋予了一个新的角色,类似于孩子的某一器官,成为其身体的"延伸"。

现在我们来谈谈游戏、童话故事和路径图。无论我们怎样理解童年,都必须承认,我们的童年离不开成人,特别是教师,他们了解儿童发展的特点,为其创造适宜的条件,给予孩子自由时间,创建了"幼儿园"(中世纪时期广泛存在的童工情况除外)。因此,成人社会和世界,是相对于孩子的世界而言的,孩子不仅能够部分地以自己的方式生活,如玩耍、交流,而且还可以进入两个被明确划分的世界——成人世界和孩子世界。孩子明白他们有一天会长大,而成年人将他们带到自己的世界。由于成人世界比孩子世界更丰富、更有趣,所以几乎所有的孩子都会渴望进入其中,开始成人生活。儿童对成人生活的兴趣,在掌握语言后逐渐加强。事实上,对于一个人来说,特别是对于孩子来说,语言中的一切都需要真实体现,这不仅是物质体现,还有技术的体现。[28]

这些情况,加上我们上面讨论的因语言(符号系统)发展而发生转变的世界,以及孩子认知自我和父母培育体系所发生的转变,共同产生了两个非常重要的结果:首先,孩子通过自己的技术活动,逐渐扩大了自由空间;其次,孩子开始了解成人世界。一方面,孩子试图了解这个世界;另一方面,孩子也生活在其中,经历各种事件。但由于他还是个孩子,成人世界的事件不会听从于他的意愿,父母也不会帮助他进入自己的世界,以至于孩子只能创造自己的世界,可以说,这是他生命中的第一个技术环境。这就是游戏、童话故事、儿童话语的世界。下面举一个儿童游戏的例子。

这是一个大家从小就熟知的骑马游戏。孩子坐在一根棍子上,像马一样摇头、嘶鸣、跳跃、吃草,同时感觉(想象)自己是一匹马。根本问题在于,如果一个孩子不通过摸索,发明所有这些技术程序,并开始以实际方式实现它们,他是否会把自己想象成一匹马?答案是否定的。一个成年人如果不模仿马的某种动作,几乎不可能把自己想象成一匹马。为此,孩子不仅要记住马在做什么,还要尝试做同样的事情,他让自己做这些动作,开始体验它们的生活,即吃草,在大地上跑跳,不像人那样说话而是嘶鸣,等等。这些努力的结果是相当清楚的,孩子在玩耍时,不仅可以作为一个人与他人交流,还可以作为一匹大家最喜欢的马和伙伴交流。

在这种情况下,我们是否应假设,想象的必要条件首先是设计一种可以创造特殊现实和技术客观性的行为(这里指的是"马的行为"),然后努力进入这个现实,并生活在其中。[29]孩子为什么需要这一现实?难道他没有见过马的形象,没有被激发出抚摸马、喂养马,甚至骑马的愿望吗?马的世界多么有趣啊:你给它喂食,帮它洗澡,抚摸它,它就会驮着你前行,参加比赛,等等。孩子产生了与马沟通的强烈愿望。他通过扮演一匹马,来吸引其他孩子或父母的注意,他们会好奇地问马叫什么名字,它吃什么,喜欢什么,等等。

我们总结之后会发现,儿童游戏具有以下几个功能:第一,作为一种特殊的技术,它有助于实现因探索成人世界而产生的愿望;第二,它发展了儿童的想象力,促进了其创造力的提升;第三,它有助于孩子与他人建立沟通;第四,孩子觉得这是一个非常有趣的世界,渴望在其中停留更久些。分析还表明,儿童游戏也是对未来可能进行的活动的预演。

现在谈谈儿童的思考和理解问题。在古代和古帝国文化中，人类在使用路径图的基础上掌握了世界。这对孩子来说也同样重要：他了解世界，并通过使用路径图掌握世界。有些路径图帮助他了解正在发生的事情，原则上可以采取哪些行动，还有一些路径图可以指导他如何行动。我们可以在 К. И. 丘科夫斯基（К. И. Чуковский）《从 2 到 5》这本书中看到这两种类型的例子。[30]下面来看一下第一种类型的路径图，它更多地用于对事物的理解。

火车把一头猪撞成了两半。住在别墅里的 5 岁小女孩卓莉亚看到这一灾难，流下了许多眼泪。几天后，她遇到了一只活的猪。

"猪又被粘起来了！"卓莉亚高兴地喊道。

这里的路径图是这样的："猪又被粘起来"的表达，可以让你理解为什么猪是整体的，尽管卓莉亚看到它是被撞断的。但是，物体破碎的部分可以粘在一起的知识是经验性的、实验性的，是从观察中获得的。

我 3 岁的儿子第一次知道松果时，松果是躺在树下的地面上。两个月后，他在我们别墅顶层的松树枝上又看到了它们。

"小松球不知怎么爬上树了。"

路径图是："小松球爬上树"解释了为什么小松球在树上，尽管男孩最初是在地上看到它们的。这里，关于可以爬上树的知识是经验的。

玛莎关于收音机的问题："叔叔和阿姨们是如何把音乐带进去的？"

关于电话："爸爸，当我和你通电话的时候，你是怎么进去的？"

孩子们心里是这样想的：在收音机和电话里坐着人，所以才会出现声音和音乐。

С. А. 巴格达诺维奇（С. А. Богданович）给笔者写信说："我 6 岁的图斯卡看到一个孕妇，于是笑起来：'哇，好大的肚子啊！'我告诉她：'不要笑阿姨，她肚子里有一个婴儿。'图斯卡惊恐地说：'她吃了宝宝吗?!'"

在这里,"吃了宝宝"就是为什么肚子如此大的原因。

现在来看第二类路径图,它可以说明在遇到困难的情况下该如何做。

一个2.5岁的男孩和他的姑姑在街上走,然后在一个书摊前停了下来。卖家问:"你会看书吗?"

"我可以。"

卖家递给男孩一本书:"那你读一下吧。"

男孩模仿起祖母,突然抓住口袋说:"我把眼镜忘在家里了。"

在这种情况下,不要认为"我把眼镜忘在家里了"是孩子在撒谎,其实他创造了一个让他避免阅读的现实。

"爸爸,请把这棵松树砍下来……它刮起了风;如果你把它砍下来,风就会停了,我好去散步。"

这个例子非常典型:"树刮起了风"一方面解释了为什么树木在摇曳,它们正在摆动树尖儿,带起了风;另一方面解释了该怎么做,很显然,我们要使树停止摇曳。

小列娜向她的祖母讨要一套中国餐具。祖母说:"等你结婚了,我就给你。"

小列娜立即找到父亲,说:"爸爸,亲爱的,我们结婚吧,那样我们就会有一套中国餐具了。"

这一路径图也很清晰:爸爸是一个潜在的丈夫,而小列娜则是一个妻子。

К.И. 丘科夫斯基以这样一种方式解释了这些可爱的儿童的表述和判断,它们是孩子因缺乏生活常识而作出的想象。换言之,丘科夫斯基的解释是基于把儿童的智力和成人的智力等同看待这一前提。但是,如果我们不进行这样的"同化",那么我们需要确定其他一些东西:

儿童根据他们现有的经验和知识构建话语，主要通过自己发明的路径图，提出一种现实，进而理解并做一些事情。我们从儿童的话语中不难发现，儿童将根据经验或从成人那儿获得的正确知识与其在路径图中获得的知识结合在了一起。路径图的建立方式，可以让孩子了解并实现自我。路径图可能是成功的、好用的，也可能是不成功的、无用的。

现在的问题是，方案路径图是否可以被视为一种特殊的符号学工具。维戈茨基可能会作出肯定的回答。但事实并非如此。人类创造路径图并把它当作自己的一种工作方法，从这一角度看，它似乎具备工具的"特征"，但实际上却只是相似而已。工具的目的是改变与人相对应的世界和自然，使其根据人的需要来发展；而路径图的目的是改变一个人的认知（愿景），使他能够创造工具并改变世界。符号、路径图和工具（技术）相互关联，符号可以作为建构和运用路径图的条件，而路径图是工具创造和使用的条件。为了便于理解所讨论的材料，可参考下面的"元路径图"（metascheme），通常又被称为"技术基因"（техно тенной）路径图。

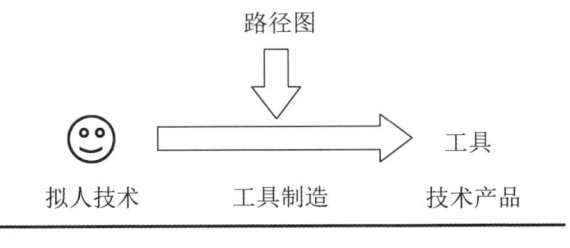

技术基因路径图

## 第三章

# 技术和工艺发展的主要阶段

### 技术与工艺的概念

技术作为技术而被认知最早始于 18—19 世纪,为什么会这么晚呢?当然,历史上也出现过关于技术的思考,但只是一种思考,且是非专业的。例如,在古代哲学中,出现了"Техне"(拉丁语 Techne)这样的概念,但它不是专门表示技术,而是指所有人工制造的技巧,从绘画和雕塑的创作,到特殊技术的生产(如军事器械制造)。F. 培根(Francis Bacon)虽然讨论了可以给人类带来功效的机器和技术产品的制作能力,但是这种讨论不是针对技术的本质和现象本身,也没有将技术作为问题现实从新欧洲人类的认知中独立出来。直到 19 世纪,技术才作为独立现实被认知,并在技术学科及随后(几乎同时)在哲学中出现了针对这一现实的反思。

虽然近十年来技术问题受到多方讨论,但哲学家和科学家已经陷入困局。他们认为,技术是现代文明和文化不可分割的一部分,"技术基因"文明的提法并非毫无根据,虽然人类对技术进行了思考和设计,但是它的发展实际上不能被完全控制,技术实际上改变了人类生活的所有方面,它不仅会把人类和自然变成"座驾"(постав),还会把地球上的其他生命置于危险处境。技术哲学家和学者尚未提出摆脱这一复杂困境的有效方法，因为我们既无法拒绝技术，也无法在思想上对技术文明的基础进行根本性的重新审视。同样的问题在关于工艺的科技文献中也有所讨论。

谈到工艺的历史，虽然其源头可追溯至中石器时代和新石器时代，但人们对于工艺的认知却是在18世纪末到19世纪形成的。1870年，约翰·贝克曼（Johann Beckmann）在《工艺概述即关于车间、工厂和作坊的知识》（Anleitung zur Technologie oder zur Kenntniss der Handwerke, Fabriken und Manufakturen）一书中提出了关于工艺的概念。但是接近现代意义的工艺概念直到19世纪才出现。

虽然工艺一直在被讨论，但是其概念始终不是很明确，尤其是工艺与技术的区别一直未被搞清楚。技术和工艺是一回事，还是有所不同？格兰特（Grant D. P.）曾提出一个问题：为什么美国使用新词"工艺"？当代思想家海德格尔在《技术的追问》（Die Frage nach der Technik）一文中讨论了技术与工艺的差异。他写道："欧洲人说，我们使用的词语产生了混淆，曲解了'工艺'一词的字面含义，在更原始的希腊词源中，'工艺'的意思是'对技巧的研究'或'手艺'……虽然欧亚大陆保留了词汇的纯正性，但其词汇并不像我们的词汇这样，可以让我们直接认知周围现实。现在，'工艺'是一个新词，需要我们思考未体验过的、新事物的实际含义。"[31]

另一个问题：关于工艺的传统"狭义"概念与技术哲学中工艺的"广义"概念之间的差异。关于工艺的狭义解读，可以举这样一个例子：《工科词典》和《大百科词典》中给出的定义是，工艺为一个系统，是在工业生产中，获取原材料、制作和加工半成品、产品的过程中采用的规则、方式和方法的集合，以及这些规则使用的必要条件。例如，工艺中的典型例子"工艺卡片"是一种标准文件，包括完成某一工艺流程或项目技术服务等的必要信息,可以作为工作人员的操作指南。"工艺卡片"应说明需要执行哪些操作,按照什么顺序进行操作,执行操作的频率,执行每个操作需要多少时间,每个操作的结果,执行操作需要使用哪些工具和材料等。[32] 格兰特还曾提出工艺的广义概念:"我们现在可以被称为工艺文明的承载者,在我们所经历的每一个清醒或沉睡的时刻,我们将越来越多地生活在被技术文明控制的、不断缩小的生活圈中……'工艺'不仅指机器和工具,还是一种世界观,主导了我们对存在的一切的认知。我们很难用清晰的语言表达,因为我们现代人一直在嘲笑'命运''劫数'这类词,若把'工艺'称为我们的'命运',这听起来很奇怪。"[33]

工艺还有一些混合特征。例如,V. 诺尔曼(Vig Norman)认为,"'工艺'可以属于下列任何一种:(1)技术知识、规则和概念的集合;(2)工程和其他工艺专业的实践,包括与技术知识应用相关的某些专业职位、标准和前提条件;(3)物理方法和工具,或者实践产生的人工制品;(4)组织、制度,以及大型系统中技术人员与流程的一体化,比如工业、军事、医学、交通、运输等;(5)'技术条件',或工艺活动累积形成的社会生活性质和质量。"[34] 正如我们所看到的,在这一描述中,将各种现实(包括对工艺的狭义及广义解读、知识、工具、系统、条件等)结合在一起。该如何理解这些呢?

不同技术观的出现产生了一个问题,这个问题并不是源自它们之间的差异,而是关乎本体论,即技术和工艺的本质问题。分析现有文献,我们可以确定三种主要观点:第一种观点——"技术的工具观",其主要思想认为,技术是一种工具,是人类为满足自身需要而创造的工具。按照这一观点,人类完全可以决定技术的本质和发展。因此,在工具观的追随者看来,滥用技术的责任应由人类承担,而且从价值论角度来看,技术是中立的。工具观的代表人物之一是俄罗斯首位技术哲学

家 П. 恩格尔梅尔（П. Энгельмейер）。他认为，技术的工具性不仅体现在一个有创造力的人设计其生活所必需的工具的思想上，而且表现在如何解释技术的目的方面。恩格尔梅尔指出："人类的存在首先是为了生活，即满足自己多样化的生活需求。但是人类生活的环境（自然及其他人），根本无法即刻满足这种需求。在我们看来，环境并不会关心我们的需求，我们甚至感受到自然环境对我们来说是不友好的。于是，人类与其生活的环境开始了长期的斗争——必须克制对需求的满足，必须在环境中进行相应的改变……这就是人类作为技术存在的意义，它是这样一种现象，只要人类活着，就会尽最大可能满足自己在个人生活、社会生活乃至宇宙范围内的各种欲望。"[35]

德国哲学家奥斯瓦尔德·斯宾格勒（Oswald Arnold Gottfried Spengler）是反对技术工具观的。他认为："不要总是渴望在机器和工具的创造中达到技术目的……事实上，技术属于最古老的时代……这么说好像有点奇怪，但它超越了人类，回溯到动物的生活……技术的意义只能从灵魂中建立……技术是整个生命的策略……技术不能被简单理解为工具。关于技术，我们不是在谈论创建工具这一事物，而是在谈论对待它的态度……"[36]

海德格尔也解释了为什么不能把技术简单地理解为工具。他指出，无论是将技术视为工具（包括活动手段），还是将技术看作一种中立现象，都无法让我们理解技术的本质。在谈到技术的本质时，海德格尔指出，其不仅涉及对现代技术的解释，而且意味着人们要有意识地对技术施加影响，从而获得摆脱它的力量。关于对技术工具性的理解，海德格尔认为，这一观点虽然正确但也很可怕，当我们将其视为中立的东西时，我们就是以最糟糕的方式屈服于技术力量。毕竟，现在这种技术观特别普遍，而且使我们无法完全看到技术的真正本质。[37]

目前，与技术的工具观相对的是"工艺决定论"或"工艺自治"的观点,这种观点明确了技术是按照其自有逻辑发展的,同时也决定了人类发展,而不仅仅为人类的目的而服务。[38]美国核物理学家阿尔文·温伯格(Alvin M. Weinberg)认为:"一个好的、具体适用的技术解决方案,通常重视用新技术解决某一问题。如果我们没有一个适当的解决方案——最终用核能来解决能源短缺问题,我们就不会如此关注这一问题。"[39]"工艺自治"观点的代表是 Б. И. 库德林(Б. И. Кудрин),他提出了"技术群落"(technocenosis)和"技术学"(technetics)的相关概念。

"按照 Г. К. 库拉金(Г. К. Кулагин)和 З. А. 艾莉杰科娃(З. А. Эльтековая)的说法,随着工艺内部的联系越来越紧密,扩展应用领域的元素不断增多,在不断演化的技术环境中,形成了作为技术与工艺集合体的技术群落。已经形成的技术群落具有稳定的特征。这意味着:首先,它的存在条件得以复制;其次,威胁其存在的创新受到了抵制;最后,只有那些以现有的、未作修改的形式出现,且可加强这一技术群落生命力的创新才会被接受。"[40]

库德林认为,技术是一种普遍的现实,其本质是一种自然过程,它"通过技术手段创建,却超越了人的意志。"[41]他指出,"新一代技术只是作为某一时间内相对固化的技术群落的一小部分而存在,之后的技术更是如此,其中绝大部分是在现代人诞生之前创造的,它们嵌入层级结构中,构成了地球的技术群落……全球技术进化决定了另一种技术的出现,使得每一个运行的技术群落都能以个体的方式重新设计周围的环境,并向着对自己有利的方向发展……技术学仿佛将人的因素排除在研究之外:如果工厂建成并开始生产,它就会在双曲线 H 分布参数设定的范围内安装设备……成为一种技术存在(technetic)。当前的存在是技术的存在。在生命的世界层面上,技术现实已经被认为是一个真实的存在。人类生活的环境是一个被转化的自然,技术环境叠加在生物环境上,并改变了它。"[42]

库德林将人类对技术学的理解进行了具体化,他认为,"技术现实塑造出具有下列特殊才能的人:(1)意识到人作为动物有制造工具的可能性;(2)学会抽象化,突出产品的'思想',并将'形象'传递给同部落的人(信息现实的萌芽);(3)人可以使技术为自己工作,认知了技术并保留信息的人类,其生物属性已转变为社会性,只有人类的大脑有能力以 H 分布术语来表示'形象'"。[43] 分析库德林的研究,我们发现,如果他是把技术进步作为具有内在规律的自然过程来描述,那么尽管其中存在着对人类的某种反人文主义阐述,但是他的思考完全是合情合理的。[44]

第三种观点是人和技术被认为是一个整体的两个方面,因此可以被称为"人类技术观"。但是这里有一个问题,即我们还不能清楚地描述这个整体。持此观点的代表人物之一是海德格尔。他试图证明技术不是存在之外的东西,因此不改变存在本身,希望对技术施加影响,使其向人类需要的方向发展,这种想法是很天真的。"如果技术因存在而带来风险,"海德格尔写道,"问题是存在本身,那么技术将永远无法简单地通过意志努力来进行控制,无论是主动的还是被动的。技术本身作为一种客观存在,永远不会让人类征服自己。这是否还意味着人是生活的主宰?"[45]

之后不久,海德格尔对之前所说的部分内容表示了否定。他认为,如果人类不去有意识地努力改变,技术本身是无法改变的。正如他所说的:"忍受技术的存在,就像人忍受疼痛一样,当然,这都需要人类付出努力。但是,在这里人类需要从根本上应对这种忍耐,这也意味着人类的存在必须优先于技术的存在。从这个意义来看,这与人们接受和发展技术及其手段的过程完全不同。为了使人类能够关注技术的本质,使技术和人类之间的内在关系从根本上、更深层次上更加牢固,对于人类来说,就像其自新时代以来那样,首先必须要醒悟,再次去感受其生存空间的广度。"[46]

换句话说,根据海德格尔的说法,对技术施加有意义的影响,其必要条件是人类针对自身的工作:必须"揭示技术本质","醒悟"且"重新感受其生存空间的广度"。也就是说,要牢记并理解人类更高一级的价值观,使一些不那么重要的欲望服从于人的意志,如获得舒适感、掌控自然和世界等。现代人类是由技术文明造就的,那么人类是否可以重新塑造自己呢?

通过上面对技术的说明,读者可能已经理解,人类对技术的阐述是非常重要的。从这个意义来看,"人与技术"的关系也有三种不同的解读:首先,人作为具有创造能力的生物完全决定着技术及其发展;其次,技术作为自然历史过程(技术群落)也塑造着人类及其需求;最后,技术和人类是一个整体的两个方面。虽然每种释义都会遭到质疑,但与此同时,每个观点又都有其捍卫者和论据。

虽然这里提到的每个观点都并非毫无依据,但是如果按照现代对技术研究的要求,我们就不得不承认这三个观点仍有不足之处,特别是在分析技术的具体机制和形成方式,以及揭示其与人类创造活动的关系方面。即使是海德格尔的阐述也同样存在不足之处,尽管他通过存在的范畴进行了连贯完整的方法论阐述,但是人类和技术在概念上仍然被认为是彼此没有关联的,是各自独立的,更不用说前两种观点了。显然,这个问题的解决方案在于,从人类学上来定义技术,并把人当作一种技术存在。下面让我们尝试通过这一方法来研究技术形成和人类起源的几种情况。

## 技术发展的第一阶段:作为神力和法术的技术

上面我们分析了人类起源,并试图说明人类最初不仅是一种符号学存在,同时也是一种技术存在。人类脱离动物界,首先是从生物信号行为过渡到了符号和社会行为,然后是因使用工具而发生转变。与此同时,使用"天然工具"(棍棒、石头、动物骨头等)的活动和行为的效果,只有当原始社会的人经过思考和认知,把它们当作可以理解的工具和事件时,它们才会变成工具,成为技术和工艺。

也就是说,古老的技术不仅仅是那些帮助原始部落生存和发展的有用的自然效应,它们还在人类生活中占有一席之地,对开发语言有作用。因此,古代原始群落也是通过使用某些可利用的自然效应,并将其视为技术来思考,从而存续下来的。要强调的是,我们这里谈到的不是现代意义上的技术,而是存在于原始人生活中、人可以利用且在语言中获得意义的效应。

如果从文化发展和变化的角度来看,可以通过该方法对技术和人类进行进一步综合分析。每一种文化都会催生一系列新技术。例如,在古代文化中,出现了墓葬、治疗、解梦,以及创造"形象"(如岩石艺术、雕塑、面具、音乐等)的技术,还有献祭、与神灵沟通等技术。在古代王国文化中,除了上述技术,还出现了与具有劳动分工和强制垂直管理系统的大型群体(军队、农民、工匠)相关的技术,以及围绕与神灵沟通而展开的活动(如占卜、供奉、与神灵协商集体合作活动等)。在新时期(公元前16—前13世纪),出现了与科学研究和工程建设相关的技术。在现代文化中,特别是在20世纪之后,出现了工业技术和高科技技术。

与此同时,作为创建新技术的必要条件,人类创建了关于世界和自身的新观念,而这些观念也让人类构想出了更多的创新和发明。在古代文化中,形成了关于精神和灵魂的观点,也基于此产生了一些古代技术,例如,建造坟墓的墓葬技术,是为了给永远离开人体的灵魂建造一座特殊的房子,成功唤醒灵魂本身,从而创造出人和神的形象。在古代文化中,也形成了可以产生新技术的关于神的一些观点。例如,担负不同使命的神也出现了劳动分工,如战神、手工艺神、交易神、秩序神等;形成了管理大型集体的各类权力关系,出现了某些形式的神级体系,如宙斯是众神之王,还有主神和次神等。在新时期,关于自然的思想正在形成,其中包括许多其他概念,如活动、法律、管理等。人们使用这些概念进行自然科学研究,并在其基础上发展出工程学。后来,又形成了许多新的概念,包括技术和工艺本身。后者确定了不同类型的工程、设计和技术活动的含义,使人们能够更好地理解它们。

在新技术形成的同时,人类自身也在不断发展。一方面,人类开发了新技术,需要对某些器官进行专业化训练,甚至对整个身体进行训练;另一方面,随着新技术的出现,人类要建立新的世界观和自我认知观,人类的意识也自然而然地发生了改变。我们可以从文化演变的角度来谈谈技术和人类在发展过程中经历的三个主要阶段。

学者们一致认为,第一阶段与古代世界和部分中世纪的文化相关,出现的是作为神力和法术的技术;第二阶段技术发展的先决条件可以追溯到古代和中世纪,在16—18世纪,一种被称为"工程技术"的新技术开始出现;第三阶段,主要是20世纪下半叶,工艺开始形成。与技术发展的这三种类型和阶段相对应,也产生了三种人:古代世界的人、工业和人造文明时代的人,以及主导现代工业的后工业文明的人。下面,我们详细研究一下每一个阶段。

事实上,我们已经描述了第一阶段。在这一阶段,人类只是凭借观察和经验(试错)学会了创造工具、简单的机械等。在人与神灵相互关联的背景下,人类开始了解自己的技能和所创造的事物。在这样一种世界观的背景下,技术被视为神力和法术。在人类面前有着各司其职的神灵,人们可以祈求他们通过神力来帮助人类。对我们来说,这些活动看起来也很像技术活动。很显然,由于神灵并不会听命于人类,而且总是反复无常,没有规律可循,因此很难保证"术士"的法术活动每次都能够获得成功。人类只能观察"施法的主体"喜欢或不喜欢什么。从理性的角度来看,这种观察就是主动或被动的技术经验的反映。也就是说,古代世界的"经验性技术"是无法准确预测活动的结果的。

现在举个例子来说明,对其中描述的情况和古代人的活动进行分析,使人们可以清楚地理解技术作为法术的本质。托尔·海尔达尔(Tur Heyerdahl)在《复活节岛的秘密》(*Aku-Aku*)一书中描述了古代人们竖立图腾神灵雕像的过程。雕塑宽近3米,重25—30吨。在竖立工作开始之前首先举行歌舞仪式,然后领头人组织11个人开始工作。

"他们唯一的工具是3根圆柱形的原木撬棍,后来减少到2根,神像周围堆满了收集来的、大量的巨大石块……雕像脸朝下趴在地上,领头人设法将原木的一端放到它下面。3—4个人在撬棍另一端辅助,领头人趴在地上,开始把小石块塞到神像的头下面。当11个小伙子用力压住原木的末端时,看起来神像好像有点颤动,或者说移动了一点点,但整体看来似乎没有任何变化,只是塞到下面的鹅卵石变得越来越多了……当夜幕降临时,神像的头部已经高出地面整整1米,由此产生的空间内塞满密密麻麻的石块……在工作的第9天,神像已经躺在一座精心搭建的石塔顶上,塔的高度已经距离地面3.5米……第11天,他们开始准备把巨人竖立起来,为此他们再次开始堆石山,这次是在神像的脸部、下巴和胸部下面……第17天,人群中出现了一个满脸皱纹的老妇人。她和领头人一起,在神像前面的一块巨大的石板上用小石头摆了一个半圆形,巨型雕像将要在那里竖立起来。这是纯粹的法术……领头人在神像前额上系了一根绳子,把它绑到在4个方向打入地下的木桩上。到了工作的第18天,一些人开始往一边拉绳子,一些人在另一边减速,另一些人用木棍小心地推动神像。突然,巨大的神像开始猛烈地晃动起来。命令传来:'抓住!抓住!'巨型神像全身完全站立了起来,并开始翻转,石塔失去了配重,石头和巨大的石块一声巨响散落下来……但神像轻轻地摇摆了几下,随后保持站立的姿态。"[47]

海尔达尔所描述的古代技术具有典型的万物有灵论特征。它包括一系列在实践中观察和选择的有效操作,而且在操作中必须要进行某种仪式程序,在传统中以口头形式代代相传。问题在于,古代文明中任何一个重大实践,都伴随有仪式程序,那么这种仪式程序在这里到底发挥了什么作用呢?古人如何理解并实现他们的技术呢?这位首领从祖父那里继承了抬升和移动巨型雕像的秘密,当海尔达尔问首领,雕像是如何从采石场运过来并竖立起来的,他通常会得到以下答案:"神像是自己走来的"或"他们是自己站起来的"。

让我们想象一下古代人的世界观。他们确信,从植物到人类,所有的生物都拥有自己的灵魂,它们可以离开自己的身体,也可以重新进入身体。人的灵魂、图腾中隐藏的神灵以及部落的保护神,这些都是一种力量,在上面的故事里,就是"Aku-Aku",它们可以按自己的方式活动,或成为人类的帮手,或成为破坏者。灵魂不仅可以生活在人的身体里,还可以暂时离开身体,比如人在做梦或昏厥的时候,也可能永远离开他们的原生身体,即当人死亡的时候,灵魂会回到祖先的家,然后还可能进入另一个人(例如新生儿)的身体。[48]

从万物有灵论的观点来看,人是可以对灵魂和图腾神灵施加影响的。为了达成此目的所进行的活动,今天我们称之为古代法术和宗教仪式。问题是,万物有灵文化时代的人是如何理解自己的"技术"行为的呢?当然,他们无法相信,是自己让一个图腾神灵、一个强大的神灵、部落的保护神,站起来行走的。此外,人们通过献祭和施咒促使灵魂和神灵为人类做事。当领头人向海尔达尔解释神灵"自己站起来行走"时,他指的不是石像,而是图腾神灵。人们的复杂的技术活动只有一个目的,促使图腾神灵站立和行走。

古人发现自己的一些活动会产生某些效果,如用石头打击、杠杆发挥作用、切割或扎刺效果、加热和冷却等活动都会产生一些效果,他们就把这些现象解释为,自己的活动影响了人类或其他生物的灵魂。从这个意义上说,所有古老的技术都带有魔法和神力的色彩。这样来看,古代技术也是因需求和观察而产生的,而需求和观察在当时也被认为是泛灵的行为。

从现代的角度看,对于古人来说,真正的古代技术是一种控制神力和生物灵魂的方法。

通过分析上面的古代技术的例子,我们可以确定技术不仅是为人类工作的,而且会对整个文化产生影响。许多研究者认为,文化是人类创造的第二个人工环境。勃洛尼斯拉夫·马林诺夫斯基(Бронислав Малиновский)指出,这种环境在很大程度上可以被称作一种广义的技术,包括人类活动的技术和组织,后者涉及使用各种语言和符号。

对于文化发展来说,符号和技术这两个方面必须通过现代文化研究来解读,而符号系统和技术使人类和社会的各元素能够有效地运转和管理。但是,这里产生了一个原则性问题,即这两个文化图景是如何联系在一起的。文化的形成表现出以下两种规律:(1)为解决文化问题("崩溃"和"生命灾难"),创造新的符号工具,包括不同类型的符号及路径图,在此基础上再形成现实的新的映象,通过技术体现在新的实践和人工环境中;(2)新的映象往往也反映了技术文化的发展水平。古人的灵魂观正好说明了这两种规律。

古人的认知是由以下观点构成的:他们相信每个生物都有一个永恒的灵魂和一个居所(房子),这个居所可以根据情况而改变。例如,活着的时候身体是灵魂的居所,死后灵魂会住在墓地、祖先的国家,或生命之树。根据这种观点,古人将死亡理解为灵魂从身体中永远地离开;当人生病时,可以理解为灵魂暂时出离;而人在做梦时,则被理解为另一个灵魂在人睡眠期间进入身体,或者说在此期间自己的灵魂出去旅行了。人们创造"艺术作品",即创作人或动物的形象、制作面具、演奏乐器等,以便召唤灵魂来发挥作用。在这一基础上,可以解释更复杂的现实。例如,将自然力量的作用解释为风神、水神、火神、土神等在发挥作用;人在家庭和部落中的关系,则被视为传承了共同的灵魂——这些灵魂从逝去的先祖传给后代生者;家庭新生儿的降生,是因"父亲-新郎"将逝者的灵魂赶到"母亲-新娘"的身体里。

在笔者构想的符号学理论中,这样的语言结构被解释为最初的"路径图":鸟式呼吸*作为一种直观形式表现了人类的状态——死亡、疾病等。如上所述,路径图完成了几种功能:它们有助于理解正在发生的事情,组织或重组人类活动,汇集之前毫不相干的各种意义来认知新的现实。

在发明了灵魂的概念之后,人类能够在上述所有情况下采取一定的行动,而且可以假设只有那些有了灵魂观的部落存续了下来。在万物有灵论思想的基础上,形成了最早的社会实践,如埋葬逝者、治疗疾病、解释梦境、召唤灵魂并与其沟通,以及解读和描绘相关的世界图景。在这个世界中,生活着可以帮助或伤害人的魂灵。

同样,正是这些路径图帮助人类将万物有灵的想法扩展到新的案例和情景中。例如,人们如何理解,为什么在一个家庭和部落中的所有人都很相似,且彼此相关?为什么魂灵在路径图中运动,就像鸟一样从一个巢穴飞到另一个巢穴?为什么逝者的灵魂可以进入这个家庭(部落)的新生婴儿的身体里?古人解决了这些问题,但又会产生另一些问题,随后又有了其他的问题,等等,直到他们可以理解形成了稳定的社会生活的整个世界。

现在我们来看看"古代王国"中其他一些概念的符号学阐释。

---

\* 鸟的肺比较小,呼吸很轻,还有气囊可以进行双重呼吸。——译者

我们先来看看古埃及、苏美尔、巴比伦、古印度和古中国的"神"。这些"神"的主要特点是可以控制任何人,包括任何一个国王或法老,而且每个职业和专业都有自己的守护神。多神教中神的另一个重要属性是其总是与人类共同行动。无论人们是在耕种粮食、建造房屋,还是在生孩子,相关的神总是与他们在一起,引导并帮助他们。了解上述所列神的特征,可以假设神是一个新社会现实的神话认知(构成)——劳动分工和管理(权力)系统。相应地,人与神的关系也以神话的形式表现出来,人类已经参与到劳动分工和权力管理系统中。

按照这一机制,经过了一个过程,神灵的现实被发现,最终产生了古代神灵的理念。在这里,为了汇总不同含义并揭示新现实,需要更复杂的路径图——关于神灵如何牺牲自己以创造世界和人类的神话。如果神灵的路径图可以让古人了解如何对待生病或逝去的人,区分梦与现实,以及事物的图像与本体的差异,那么它也可以让古人理解什么是国王、祭司、军队、法庭等,为什么一些人虽然死去,但这些构成(我们称之为社会机构)仍然存在,为什么需要把大量的劳动成果和很多东西奉献给别人。新建构的路径图是这样的:认识到神是不死不灭的,它引导并支持人类,保佑从事每个行业的人们,创造所表达的另一个世界——通过神的人物角色来解释人类的现实、行为、仪式、喜好等。

在古代王国的文化中,关于神及其与人的关系的观点是最原始的,它为当时的人们提出了一个"直接的现实",即一种存在的现实。虽然从文化重建的角度来看,引入神的概念是为了证明人类参与分工和在严格垂直管理系统中进行实践的合理性,但是对于古人来说,神灵是最重要的存在现实。这个现实的符号学和心理学性质并没有使它成为虚拟的,因为在神灵观的基础上,古人建立了相当真实的实践,并获得了他们所需要的结果。从这个意义上说,任何一种文化现实,一方面建立在符号学、活动及相关实践上,另一方面也是人类所感受到的实际存在的东西。

古代王国文化形成新世界的必要条件是"社会实践"。因此,多神教概念的形成一方面导致了古代文化的基本实践发生变化,如人死后灵魂被护送到冥界,在那里服从死亡之神,这改变了人们对"埋葬"的理解;另一方面形成了一系列新的实践,如预言命运、与神一起参加神秘剧等。与此同时,与新的实践相应的文化话语也形成了,如占卜、描写神话的神秘剧等。人类参与到新的实践和话语中,决定了其心灵的自我建设,这表现为新世界的形成,以及个人对新现实的发现,如在多神教的概念形成过程中发现新现实。

现在,解释这两个规律的条件都已经具备了。应该指出的是,古代关于灵魂和神的理念的形成最终创造了相关实践,这些实践在很大程度上是建立在技术的基础之上的。例如,将死亡理解为灵魂离开去往另一个世界,从而产生了殡葬的实践,这就需要创建一个技术结构(如坟墓、棺材等)。将疾病理解为灵魂暂时离开身体,产生了治疗的实践,这就需要进行一些技术程序(如制药、取暖、降温等)。在之后的文化中,人们把死亡理解为灵魂返回天上,通过净化后再次返回,形成一个循环,为此建造了金字塔。

研究表明,金字塔的建造带来了一场真正的技术革命。埃及人需要学习如何加工石块,建造巨型结构,将它们抬升到一定的高度,以及如何把法老的遗体制作成木乃伊等。问题是,为什么要创建和完成这些工作呢?古埃及人认为,法老是太阳神"Ra"的化身。法老的神化给祭司出了一个难题,他们要解释法老的死亡,并解决埋葬问题。作为逝去的人,法老应该有一个庄严的,但仍然是世俗的坟墓和埋葬仪式。但是作为一个活着的神,法老在人这个意义上根本不应该死去。在后一种情况下,他的死亡是"死亡-净化-重生"永恒循环中的一个环节。如果法老是太阳神"Ra"的化身,他死后的灵魂必须回到天堂,并与闪耀的天体融合,那么法老的身体该怎样处理,用什么来陪葬呢?

埃及祭司是这样解释这个问题的。法老死后,一方面,他的灵魂去了天堂,与太阳融合,而另一方面,他的灵魂会在死亡之神奥西里斯的王国经历一个净化和重生的循环。很明显,神是可以完成各种行为的,可以同时出现在不同的地方。但法老的身体和墓地则是他净化和重生的地方,是"法老-神"经常返回的地方,在这里他与人民交流,向他们输送力量,并坚定他们对命运的信心。

但随后,其他疑问(难题)出现了。例如,法老-神是如何升天,又是如何从天上返回到坟墓中的呢?回答这个问题是非常重要的,因为法老的形象仍然是双重的:既是神,又是人。显然,神是要到天上去的,那人呢?而且,法老还需要所有人护送和迎接,并且在这一系列操作中,每一步都要选择正确,绝对不能出错。另一个问题是,法老要像神灵一样在大地的怀抱中净化和重生,因此要将他埋葬到地下。第三个问题是如何处理法老的身体,要知道像每一个人死去时一样,法老的尸体会逐渐腐烂,但作为神,他的身体是不应该发生改变的,当他回到人们身边时,必须化身在同之前一样的神采奕奕的身体中。

祭司们通过技术方法非常巧妙地解决了第一个问题,他们把法老墓的形状和外观设计成一座山,并且配有直通天堂的阶梯。众所周知,古代最早的金字塔形状就类似于一座山或阶梯式建筑。也就是说,它们是一个巨大的四面阶梯。正如祭司所声称的那样,法老的灵魂沿着它升到天堂,也可以从上面下来。为了能通往天堂,人们把金字塔建造得越来越高。但是,当金字塔几乎可以真正撑起天空,将天与地连接起来时,即金字塔成为宇宙体时,神圣阶梯的想法开始减弱,另一个理念开始取代它。人们认为,接近金字塔的顶部和距其一定距离的地方并没有什么实质性的差别。此外,在金字塔数学模型的基础上,计算金字塔的各种建造尺寸和用石量变得越来越重要。对于那个时代的人来说,数学(符号)模型被认为是由众神传达给祭司的神圣实质,是决定神界法律和秩序的实体。由此不难理解,很快古埃及祭司实际考虑的不再是山形或阶梯形的法老墓,而是通过数学计算得出的金字塔建造方案。

第二个难题也同样可以通过技术方法得到完美解决:金字塔被赋予了地球本身的形象,就像它的怀抱。埃及金字塔的建造,与建造房屋或宫殿不一样,它设计了一个可以开展日常生活的广阔空间,而且这一空间是由坚固的石块构筑的。金字塔是高出地面的,可以看成是大地的直接延伸。古埃及神话中曾说,生命最初起源于一座在海洋中升起的小山。因此,金字塔再现了类似的生命之山的意象。一个象征宏大秩序的数学金字塔和一座从地面升起的坚实的石山,这种结构和形式的融合,最终塑造了我们熟知的完整的实体金字塔,并引出了这里讨论的文化问题和概念。

第三个难题是通过医学、化学和艺术来解决的,这里再次涉及了技术方法的使用。法老的尸体经过防腐处理,身体覆盖着华丽的衣服,脸上戴着金色面具。这样,祭司们可以期望这样一个事实:当永生的神从天上降临,化身到法老的身体里时,他会发现自己的身体与活着的时候一样好看,即便不会更加漂亮。

作为神的永久居所和他净化灵魂与重生的地方,金字塔不仅是一个神殿,而且要向整个埃及王国输送神圣的能量。金字塔建造得越多,埃及人就会越多地感受到神的支持和关怀,同时也铭记神的旨意和规则。他们越来越觉得自己是神圣原始事件和永生的参与者。而对于一个被神灵围绕、进入永恒中的人来说,死亡似乎已经不复存在了。

关于金字塔及其实践,以及相关的建筑技术,在历史和技术文献中已经有足够详细的记载,它们是实现古埃及人文化观的产物。金字塔是一种文化配置器,连接着人和神的世界,代表着法老可以在天堂永生、死后得到净化,并继续受古埃及人的拥戴。正是在这种世界观的框架内,形成了有能力创建金字塔的技术和工艺。

那么,在新技术中是否完成和体现了符号学创新呢?一种新的文化现象是否反映并确保了一定水平的技术发展?中世纪所说的"世界末日"和"最后的审判"是否已被推迟到未来?我们是否已经把今天的许多重要现象解释为符号和虚拟现实?我们文化中的基本自然规律仍然不断地体现在新技术中,比如飞机、汽车及高新技术环境等。

看起来,对古代技术的神化理解并未对古人的认知产生特别的影响,但事实并非如此。正如上面提到的,墓葬、疾病治疗、梦境和古代画像的解释、分工,以及大型集体工作的管理等实践,都是基于古人对技术现实的思考,这些思考决定了古代世界的核心世界观图景的建构,即关于灵魂和神的观念。可以说,古人的意识是基于这些技术实践形成的,然而,对这些技术实践的解读却被神化了。

## 技术发展的第二阶段:工程技术与技术世界中的人类

从万物有灵向宗教文化的过渡伴随着技术的重大变革,或者更确切地说,如果没有技术变革,文化的转变是不可能的。曾经守护人类的各种神灵离开了历史舞台,取而代之的是第一自然的过程。正如亚里士多德所写的那样,在第一自然中,变化是因其本性"自然"发生的,没有人类参与,也没有目的性。现在,技术活动被理解为由人类引导自然力量和能量的活动。从伽利略(Galileo Galilei)和惠更斯(Christiaan Huygens)的研究开始,工程师们运用数学把想要控制的自然力的活动及过程模拟出来,并且在不断的实验中摸索出模拟的条件。在实验中,通过技术手段创造条件,并用数学模型来描述在该条件下模拟的自然过程。机器和机械这类技术产品,正是在自然过程的实验和数学模型的基础上创造出来的,而技术技能和经验的作用处于次要地位。运用数学模型来进行计算和预测,确保了技术活动的准确性。

文艺复兴时期的人和现代人是如何理解这一创造技术的新方法的呢？首先，它不是亚里士多德的自然观，而是新欧洲的自然观，一种"被限定的数学和模拟的技能"。也就是说，我们正在谈论通过人工、活动和技术将自然力转变为人类所需要的状态。

可以说，这是自然观发展的结果。在古代，最早开始研究这一过程的是亚里士多德。他是第一个提出"研究与实际行动"之间关系问题的人。他创建了关于自然和自然过程的观念，这对解释工程世界观是非常重要的。下面来详细地研究一下亚里士多德的贡献。

通过研究我们可以看到，亚里士多德的自然观已经超越了他的老师柏拉图（Plato）的观点，他不仅试图理解世界是如何运行的，而且还指出了哲学家对世界观形成的重要性。

众所周知，亚里士多德师从柏拉图20年，曾被认为是"柏拉图学院之灵"，在创建自己的学院之后，多年来却一直在反对柏拉图的某些观点。亚里士多德在自己的研究中指出，接受"观念"作为推理的依据会产生很多问题。"观念"远比事物多，因为同一件事可以给出许多不同的定义。区分事物的真实世界和观念的非真实世界，只会使研究工作成倍地增加，因为目前还不清楚如何根据观念来管理事物，以及它们究竟是怎样产生的，如何通过"纳入观念"来理解事物的存在。总的来说，亚里士多德认为，观念产生于一般概念和定义的无规律客体化。[49]

如果用20世纪的语言来表述，亚里士多德并不赞同柏拉图的"严格的设计规则"。柏拉图在《会饮篇》（或译作《飨宴篇》）中设计了正确的爱情或理想国，试图建立不矛盾的知识、有秩序的现实，实现自己的理想。正如现代现象学家所说的那样，他忽视了现象本身。与柏拉图不同，亚里士多德认为，人应该脱离事物，去找出现象的本质，只有这样才能通过获得的知识来对变化进行判断。

此外，亚里士多德可能不相信存在一个与普通世界平行的真正的观念世界,而且深奥的阐述也使这一世界变得若隐若现,甚至有点虚幻("影子"世界)。在《后分析篇》中,他写道:"人们应该抛开观念,毕竟这些只是空洞的声音。"[50] 但这类观点自然就带来了一个神化问题:实际存在的现实是什么? 在回答这个问题时,亚里士多德想到了巴门尼德(Parmenides of Elea),他在《论自然》一诗中提出,现实如果指的是正确的思想,那它就是存在。

  没有存在,就没有观念——它以存在表达,

  别无他物,命运使然,

  它是一个静止不动的整体。

  其他一切都只是一个称呼,

  凡人创造了它们,并视为真实。[51]

  但是"存在"指的是什么呢? 亚里士多德自问。他从两个方面回答了这个问题。一方面,存在是指实际存在的东西,这是显而易见的。从亚里士多德的阐述来看,世界是统一的,既包括事物和自然,也包括上天和理性,上帝和思考是同时存在的。[52] 而现代人似乎认为,凡间的世界和天上的世界是两个不同的世界,因为前者是俗世的,后者是神的;对于古人而言,这些现实正好互相补充。例如,按亚里士多德的说法,上帝是原动力,是地球和宇宙中普遍运动的来源。

  另一方面,虽然亚里士多德反对"观念"的概念,但他遵循巴门尼德-苏格拉底-柏拉图的传承,认为存在提出了正确的思想,因此存在由定义或观念的单元组成。亚里士多德从根本上改变了标准化推理和认知程序与方法,虽然这种方法在技术上也依赖于被称为"论据"的推理。标准不是一个思想系统,如果用现代语言来表示的话,它是一个涉及人类活动及其他范畴的规则系统。

  这里我们要重现亚里士多德探索的主要阶段。首先,他用"存在"的概念取代柏拉图的"观念",像现代哲学中那样,按类型或类别区分实体,如质量、数量、类型、属性等。与此同时,为了摆脱柏拉图式的神秘主义倾向,亚里士多德将存在描述为单一事物,这种事物由理想客体和具体事物组合而成,他将其称为"存在的本质"。当亚里士多德解释存在的本质与认知(episteme)的关联时,他将其称为"第一实体",类似于今天我们将亚里士多德提出的术语"认识论"(epistemology)翻译为"知识""科学",但是如果要准确理解,把它翻译为从认知过程中获得的论点,似乎更为恰当。用在推理或认知中获得的知识来调整"种属",这里亚里士多德指的是"第二实体"。

亚里士多德可能认为,实体不仅是存在的"重要部分",而且要借助认知活动来揭示真正的存在。他意识到自己缺少认知工具。例如,亚里士多德在定义"存在""范畴""种属""类别"时写道:"正如第一实体与其他一切都相关联,因此物种与属有关,类别属于种属,因为种属影响类别,但类别不能影响种属的划分。也就是说,类别比种属更像一个实体。"[53]然而,影响类别的不是种属本身,而是作出判断的人。如果他不想产生矛盾,可以考虑从属到物种的转换,但不能反过来推导。例如,人是属,苏格拉底是类,我们可以说,人出生、生病、死去,而苏格拉底也同样会经历这些,我们却不能说因为苏格拉底聪明,还秃头,人类就都聪明且秃头。从现代人的角度来看,正确的种属和类别存在的条件是人类的活动,范畴亦是如此,这或许是本体论形式的潜在规则。

特别值得注意的是亚里士多德对存在的理解,他认为"存在"既是存在的事物,也是被正确地组织起来的事物(遵循潜在规则和寓言),更是通过人类的推理、知识和活动被揭示出来的事物。亚里士多德的研究对现实存在进行了非凡的解读,2000年来一直都具有非常重要的意义。这种理解也为亚里士多德对自然进行解释奠定了基础,虽然他将自然定义为一种没有人类参与的、自主发生变化的存在,但与此同时,他也认为自然是一个可以被认知且正确组织的现实。

亚里士多德对人类行为和活动的理解与柏拉图不同。柏拉图提出了活动的主体，就是类似我们所说的社会设计师和工程师。但是在亚里士多德看来，这些活动可能是随意的、主观的，只是出于某种欲望。他对活动的理解完全不同，他认为活动不仅是根据人的目标和能力所创建和决定的，它还必须"自然地"完成，即建立在理智（智慧）活动的基础上。亚里士多德同时用人工和自然的方式来解释这种理智，他认为理智是一个活生生的"神"，是与上天的统一体，更是所有运动的起因和来源，包括人的思想和行动。亚里士多德最终得出结论："理智的运动和变化"是思想的自然基础。对"存在"进行思考的哲学家的研究工作同样很重要，他们通过推理和认知来阐明"存在"，并在"存在"中揭示真实面貌或本质特征。

但可能另一种背景限制了关于自然概念的建立，即如何解释以真实知识为代表的理性活动是怎样揭示存在的问题。根据文献分析，亚里士多德认为存在具有双重性，它既是事物，也指实际行动。

亚里士多德的《形而上学》中有这样的论述："一个病人恢复健康的身体是通过医生的一系列思考获得的。既然健康就在于此，那么如果身体要健康，就必须要完成一些活动，例如保持均衡，根据需要来取暖、保温，因此，在完成最后一步之前，医生会一直思考，直到他可以达成这一目标。从这一刻开始的运动，都是旨在保证身体健康，之后的活动就可以称为'创造'……这个过程起始的地方及运行形式是思考，从思考到最终环节，就都属于创造了。"[54]

按照亚里士多德的说法，认知和思维是知识的运动，包括找到最终环节的推理及实践活动，反过来就是从最终环节开始运行。在他看来，这将会是事物的创造。从现代认知角度来看，这种推理或许没有什么特别之处，但在当时却并非如此。创造事物的活动与思维和知识之间的关联不仅尚未明晰，而且被视为非自然的关联。行动是一回事，知识是另一回事。天才的亚里士多德把这两个现实联系了起来。

把它们联系在一起的必要条件,是引入自然作为一个特殊实体的概念。为什么因不均衡而生病的身体经过治疗会恢复均衡和健康呢?这是因为运用了知识和思考。关于转变及其过程,亚里士多德认为,它是变化和运动。某种事物证明了治疗(取暖)所需行动的性质,显然,亚里士多德认为这是由事物(治愈)的本质决定的。要揭示这一本质,必须通过推理和知识,但这似乎会导致一个无法突破的循环。亚里士多德想出了一个破解的方法:需要一种自行运转的实体,并给出所期望的结果(康复)。如果掌握并了解这一实体,就能清楚为了康复需要在哪里做什么。也就是说,一个实际的行动(创造-取暖)将开启转变的过程。在变化过程中到达一个可以启动实际行动的环节时,行动就开始了。正如亚里士多德所说,这一步是通过推理达到的"最终环节"。

看起来,亚里士多德将自然作为实施有目的的实际行动的一个条件。换句话说,自然是按"自然属性"自行运转的,实质性运转的条件是由人类揭示隐含在知识中的某种东西。其前提不是纯粹的自然,而是人工自然。但是在这里,也许亚里士多德给出了一个提示:星球不仅是自行运转的,也是在理性的影响下运动的。

有趣的是,亚里士多德建立了这样一种结构:用思考的理智驱动路径图及理想结构(自行运转的星球),这一结构决定了自然观念(Physis)的意义。亚里士多德提出了一种解释方法,即上天决定了地球上人类的运动。在《论灵魂》一书中,他给出了这样的解释,让人联想到关于天堂的论述:"显然,至少有两种驱动力——意图和智力都可以引起空间运动,但是作为思考活动目标的智力与进行观察的智力是不同的。每个意图都有一个目标。意图导向的正是针对活动的思考的开始;也是活动启动的开始。"

运动包括三个方面:第一,运动着的事物;第二,引起运动的事物;

第三,被动的运动。一般来说,因为有生命的事物有产生意愿的能力,所以可以让自己运动。然而,没有思考,它就无法获得运动的能力。[55]

为什么亚里士多德要建立这样的自然观?一方面是为了解释看起来像"自发运动"的变化和运动,如死亡、毁灭、行星运行等;另一方面,是要了解是什么妨碍了正确的实践行动*,如康复、创造等。亚里士多德认为,这一阻碍正是与工匠活动目标不符的自发运动。[56]

在什么情况下,"自然的"与"人工的"事物会重合,并且自然(physis)可以为技术(techne)服务呢?自然的事物是否也会阻碍人工的事物呢?从亚里士多德的角度来看,这个问题有两方面。一是在上天的理智中,技术与自然是一致的。亚里士多德认为,保持这种一致的条件是思考和掌控,正如 A. F. 洛塞夫(A. F. Losev)所写的那样,是具体现象的形式。二是当匠人去思考和了解天体的具体现象时,地球上也发生了类似的对应现象。工匠根据它们构建了这样一种技术,启动了需要的自发运动,即"自然"发生的事件。

洛塞夫解释说:"在这里,亚里士多德提出了一个无须任何重新解释的论点。他认为'出现的其他过程被称为创造行为,通过人的努力产生了一些'灵魂'形式的现象"。亚里士多德指出,'我把每个事物的实质和第一本质称为形式'。"

综上所述,按照亚里士多德的说法,自然本身就包含了其构造原理,就像每一个存在一样,也是自我建构的。在这里,亚里士多德并没有表现出任何主观的理想主义,因为"灵魂形式的现象"和"自然中的现象"都是一样的,起源于普遍的现象,这些现象构成整个客观宇宙的智慧。[57]

产生正确技术的必要条件是思考,也就是要理解并掌握具体事物

---

\* 这里指技术。——译者

如何与天上的现象相对应。根据亚里士多德的说法，它是一种类似于"自然法则"的东西。通过思考、观察和解释，遵循他在"分析"中建立的规则来揭示这些"规律"。亚里士多德关于运动"规律"的阐述就是一个很好的证明。

М. А. 古科夫斯基（М. А. Гуковский）认为："不受外力影响的运动属于自然运动。按照亚里士多德的观点，运动是由自发（天生）的对其位置的本质趋向（追求）引起的，这个点汇集了构成其本身自然力的实体。通常说来，运动可以发生在所有方向，但是自然运动只能发生在一个方向，即确定连接物体空间位置点与世界或地球中心线的方向。"[58]

俄罗斯学者 А. Г. 格里高里扬（А. Григорьян）和 В. П. 祖波夫（В. П. Зубов）是这样解释亚里士多德的概念的："从亚里士多德的观点来看，四种元素（土、水、气、火）以圆周方式分布于宇宙中，或者说它们的'自然位'也同样如此。如果上层的自然元素被强行移动到下层，它就会表现出返回其'自然位'的趋向，即它获得'轻'的特性；在地下的水努力喷涌出来，而移动到地里和水里的空气也是如此。"[59]

显然，"努力回到自然位"的趋向，可能是其获得实体的条件，这不是经验主义的观察，而是一种纯粹的结构分析，用以解释各种观察到的现象，并按亚里士多德的分类系统将自然运动进行分类。例如，基于这一概念，人们可以解释，"为什么有些物体在空气中会下沉，在水里却可以漂浮，比如木材。这是因为这种物体内部肯定含有或多或少的空气"[60]。人们还可以解释为什么物体下落速度与其重量成正比："如果物体趋于向下，违背其自有本性，使其离开其固有的位置，那么物体越重，它回到这一位置的速度就会越快。"[61]

另一个结构分析是对强制运动（规律）的解释。亚里士多德认为，"除可以自行运动的人和神以外，一切东西的移动都必须是被某种东西驱动的"，而且人通过空气或液体等介质与移动的物体相连。亚里士多德还认为,"当投掷物体时,通过中间媒介产生依次传递的运动。投掷者通过空气、水或其他可传动的物质传递'信号',它们随即发生运动"。当运动者停止驱动时,被驱动者也会停止运动,但是它仍然保留驱动其他物体的能力,因为真正产生驱动力的是与之接触的东西。[62]

现在的问题是:亚里士多德提出的"规律"是否可以保证实践行动的有效性?古希腊、古罗马哲学中进行了相关解释,但却没有有效性。例如,亚里士多德声称物体越重,下降的速度越快,然而,今天我们知道事实并非如此。他还说,取暖会使疾病康复,但在什么情况下会得到这样的效果呢?众所周知,很多情况下,给身体加热会加重病情。虽然亚里士多德区分了创造事物、表面形式的自然变化,以及自然发生的事情这三类情况,但是他并未理解它们之间有何关联。

还有一个事实需要注意,即关于自然概念具有人工-自然本质的结论并不是由亚里士多德得出的,而是由笔者推导出来的。亚里士多德的思想有所不同,他将自然和人工视为相反且独立的实体。事实上,亚里士多德一方面区分了"自然"和"自然变化",另一方面提出了"人工技能",在古代意义上,它指的是任何形式的制造,包括技术。亚里士多德在《形而上学》一书中写道:"在各种制造中,我们从那些与自然相关联的事物中获得了天然物……第一重要的意义是,自然是事物自发运动的本源。"[63]

"这种能力的名称意味着另一个运动或变化的开始,而这一开始也蕴含在另一个开始之中,或者说它就是另一个开始。例如,建筑技能是一种能力,它并不存在于所建造的东西中……接下来是成功完成某件事的能力。毕竟,如果人们刚刚开始走路或者说话,做得不好或不像他们计划的那样,我们就不会说这样的人会说话或会走路"[64]。亚里士多德将技能与目标的实现,以及与某一主题相关的行动能力联系起来。从亚里士多德的角度来看,技能是基于经验和科学知识,也就是关于动因与"开始"的知识。

值得关注的是,古代对自然和天然物的理解与现代文化中的理解有所不同。自然被理解为一种存在,与其他存在一样,是某种"自身的变化和起始",而不是由于人或神的活动而开始和产生的变化。自然并未被看成是工程活动的必要条件——自然规律、力量和能量的来源。在存在起始的体系中,自然被分配了一个重要的角色——变化、运动、自发运动的来源,但并非主要角色。亚里士多德倾向于通过实际活动的本质,而不是自然的结构,来建立活动和知识之间的联系。因此,从古希腊、古罗马获得的知识,以及亚里士多德使用它们的方式,只有在某些情况下才会产生有利的、符合预期的效应。[65]

中世纪,人们对自然的理解发生了重大变化。人们的文化和世界观也发生了变化。基督教的上帝和创世观引发了对古代思想的彻底反思,并引入了新的思想——中世纪的思想。虽然人们还不能把自己当作造物主,但是人们可以帮助上帝创造,并且在这项工作中的贡献也越来越大,以至于到文艺复兴时期,人们开始质疑上帝在创造中的角色了。关于这些变化,可以从文艺复兴时期 M. 费奇诺(Marsilio Ficino)对柏拉图的《会饮篇》的评论中得到清晰的体现。费奇诺是这样评述的:一个人获得了与神的意志和感觉相通的智慧,身体是其感觉的来源,心灵自主地理解万物的无形原理。感觉通过五官捕捉图像和感受品质,眼睛看颜色,耳朵听声音,舌头品尝味道,而神经则感受物体的特性——冷、热等。

如果人类的前三种能力——理智、视觉和听觉,是为了理解真实,那么其他三种能力就是为了维持身体的生命力。费奇诺证明,美和爱不能由事物或它们的形式来决定,因为美和爱是无形的。根据他的说法,美和爱的本质是我们看到的事物中体现出来的神的光辉。这种光辉最生动地体现在天使身上,其次在人和事物的灵魂中也有所体现。[66]

但是,费奇诺提出了质疑:无形而神圣的光芒如何体现在灵魂和事物的景象中?是什么决定了一件事物是否美丽或可爱呢?

费奇诺是这样解释的:"如果有人问'物体的形式是什么样的?是类似于灵魂和心灵的样子吗?'那么我们来看一个例子——建筑师的建筑。建造开始前,建筑师在自己的心中构思了一个建筑规划,并详细酝酿自己的想法。然后,他尽其所能,按照他想要的方式建造房子。谁也不会否认房子是一个物体,而同时,它应该也是建筑师在无实物情况下的构思,就像它已经被创造出来的那样……最后它的美是什么呢?活力、生命力和某种魅力,由于被建筑师赋予了思想而闪耀。在按设计好的形式建造出来之前,这种光辉是不会照进实体的。一个生命体的创造包括以下三个开始:启动整个程序、开始实施和开始形成外观。"[67]

那么"物质实体的建造"与建筑物的建造又有何不同呢?可能费奇诺本人也没有弄清楚这一点。因为,在文艺复兴时期,库萨的尼古拉(Nicholas of Cusa)开始相信人是"第二神",这并非偶然。因为人也可以进行创造。这是中世纪世界观发展的第一个趋势:创造的功能逐渐从神转移到人。

第二个变化趋势是,人们开始认为自然作为世界的一个方面是包罗万象的,它在数学的基础上被创造出来。自然的多样性是由世界创造者的多样性和不可分离性决定的。因此,不仅要抛弃古代的许多神,还要脱离亚里士多德所说的各类存在。柏拉图在《蒂迈欧篇》中还提出了世界(宇宙)的数学构造。在中世纪,这一思想启发了上帝主导原则问题的解决。对于文艺复兴时期的哲学家来说,世界的多样性和数学结构这两个观点已经非常明确,不过在中世纪它们只是初见端倪。

第三个趋势是,对自发运动和自然过程的阐述都有了新的含义。这种含义指出了神和天使的活动,这些活动既可以自发地运动,也可以驱动他物,但是在这两种情况下都需要力量和能量。在中世纪,这种驱动力被神化了;到了文艺复兴时期,则被归为自然属性。

现在,让我们更具体地看看这些观点是如何带来对自然的新理解的。

除了古希腊罗马的释义,自然的概念还同时具有三个含义:自然就是世界,自然是被神"创造"出来的自然,是"创造者的自然"和"为人类服务的自然"。虽然神创造了自然,但是他也存在于其中,自然界中发生的一切都源于他的存在。在第一种解读的影响下,人们开始重新思考古代科学中描述的一些存在,这种重新解读是基于造物主设计构想的统一的、生物自然的概念,因而是协调一致且经过深思熟虑的,人类开始把自然看成是一件技术产品,是"创造者-匠人"的作品。

从某种程度上来说,在5天内创造世界的上帝,也是作为最初的未来设计师和工程师而存在的。上帝在本质上具有构思和实现构思的能力。但是,另一方面,古人对自然的原有理解仍然存在,即上帝是运动和变化的原始起源。虽然上帝创造自然的观点在中世纪意识形态中具有主导意义,但是这种意义往往蕴含在古代释义的背景中。君士坦丁堡大主教约翰·克里索斯托姆(Archbishop John Cresostom of Constantinople)认为:"火的本质是向上的,挣脱向下的力量飞到高处……但是神与太阳的本质与火完全相反,它们把自己的光芒射向地球,使光努力向下,就好像上帝指着这个位置告诉光,向下去照耀人们吧,你是为他们而创造的。"[68]从这个说法可以看出,中世纪的人们感知的世界是双重的:一方面,世界上正发生着自然过程;另一方面,上帝的活动也是不可忽视的。

人们在自然界中观察到的所有变化,其驱动力都来自然所蕴含的力量,自然甚至可以赋予生命。当理解到这一点时,人们逐渐开始看到并领悟到自然这一神秘的力量、过程和能量。但与此同时,当时的人们仍然认为这些自然界发生的变化,其来源并不属于自然,而是属于神,是通过神又返回自然中。"圣徒比德"(Beda Venerabili)在《关于事物本质》一书中特别写道:"所有这些种子,以及所创造事物的根源,自世界存在以来便自然地发展,直到今天,父亲和儿子的活动仍在继续,神仍然在喂养鸟儿,给百合花穿上盛装。"[69]约翰内斯·司各特·爱留根纳(Johannes Scotus Eriugena)也同样这样说,他是这样解释的:"当我们听到神创造了一切时,我们必须由此来理解神无所不在。"[70]基于对神的这种理解,那些在自然界中观察到的,以及在科学中被描述的自然变化,在中世纪哲学和神学中都被解释为按照"神的法则"及"神的构想、意志和能量"而发生的。

理解了关于自然"创造性"的观点,人们逐渐开始清楚,实际上对人类来说,在自然界中蕴含的巨大力量和能量并未隐藏。从基督教世界观的角度看,自然是为人类创造的,人本身又是"按照上帝的样子,或与其相似的形象"被创造出来的,所以人同样拥有类似神的思想和智慧。因此,人类在某些精神条件下能够参与到神的设计工作中,也可以了解自然的结构和配置、变化的规律。关于阿基米德(Archimedes)有这样一个故事,他说如果给他一个支点,他可以撬动整个地球。按照古希腊、古罗马时期的解读,撬动地球的力量被理解为属于人类。而在中世纪,人们不会产生这种"错误的"想法,因为能够扭转地球的力量来源只能是神和自然。对于古希腊、古罗马时期的哲学家来说,自然界中没有任何东西,只有存在,它就像许多其他东西一样;对于中世纪的人来说,强大的力量、过程和能量都隐藏在自然界中,是可以基于神学的理解来被发现和利用的。

根据中世纪哲学家的说法,大自然不仅是上帝创造的,而且是为了人类的生活而创造的。尽管如此,自然仍然还不是神,它只是神设计和活动的对象,并被赋予人类实践的意义。诚然,人类还没有想到自己去创造自然,这是神的特权,但是在神的伟岸身影背后,人类似乎正在尝试去完成这项任务。

在中世纪的文化中,以新的方式来理解的还有描述自然的科学方法。从中世纪开始,关于神作为几何学家的提法出现了,这就是中世纪的思想家在柏拉图的《蒂迈欧篇》基础上提出的观点。[71] 中世纪对数学有了新的认知。数学已经不仅是亚里士多德所说的一种存在,它是神创造现实的工具,神创造世界,就像数学家一样工作;它还是关于世界的真实知识。罗吉尔·培根（Roger Bacon）详细研究了中世纪对数学的解读,撰写了百科全书式的《大著作》《小著作》《第三部著作》。在《第三部著作》中,我们可以读到,"我们在自然中难以跨越的第二个最重要的门槛是数学知识……它是最接近神的知识……但是它与自然科学及形而上学等其他学科不一样……显然,它是一种纯科学,而且仿佛是与生俱来的,或者说是最接近先知的知识。由此可以看出,它是最早的一门科学,没有它,其他科学就不可能被认知……亚当和他的儿子们从上帝那里得到了它……很明显,最好的数学研究描述的是天上的事物,如思辨且实用的占星术……借助这两门关于上天的科学,对这个世界的新认知开始形成……而这种认知在某种程度上取决于对数学研究的能力……接下来,我们关注一下数学最早的传播形式,这里有很多重要和美好的事。但是它的传播只能通过线条、角度和形状来表达和被认知。"[72]

在这里,先天获得的知识是上帝亲自传授的。罗吉尔·培根认为数学是第一学科,为其他所有学科提供依据。正是数学确保了对世间万物的认知。与此同时,人们努力实现一种理念,即所有事物都是上帝根据统一的计划创造出来的,因此它们有某种共同之处（"普遍性的""形式的"）,罗吉尔·培根将自然现象和过程（运动和变化）解释为"形式的运动",它可以通过数学（几何）的方法来表示。

我们看到这与亚里士多德的观点有着显著的差异,首先是对现实的理解。罗吉尔·培根尝试突破亚里士多德把现实作为独立存在的解释。世界是上帝根据一个统一的规划创造出来的,以严格的计算为基础,因此,描述各种存在的科学并不多,但是其中一些已经建立了自己的科学体系,如圣经、哲学和一般规则[73]、语法(语言的科学)。当然还有数学,数学成为关于世界(自然)的主要科学。按照罗吉尔·培根的观点,物理学是数学的具体化,研究的是事物的形态及其运动。对形式的新理解与其说同柏拉图和亚里士多德对事物的定义有关,不如说是可以通过数学来表示它们的内涵。

这里有一个例子,可以说明中世纪学者如何重新解释自发运动。根据亚里士多德的说法,运动是一种变化,在出现因接触产生的驱动力及介质的情况下发生。此外,虽然亚里士多德认为虚空是可设想运动的极限和条件,但从他的观点来看,运动是不可能在虚空中发生的。亚里士多德认为,物体下降与介质的密度成反比,而在虚空中完全没有阻力,因此会导致无限高速的瞬时运动。这是一个悖论。因此,根据亚里士多德的说法,虚空中的运动是不可能存在的。但是在中世纪,基于"无"的范畴得到重新解释,"虚空"变成了本体论。在这种情况下,俄罗斯哲学家祖波夫和戈里高里扬得出了一个结论:在虚空中可以产生运动。

在许多情况下,通过观察和经验得出的结论与亚里士多德对运动的解释相矛盾。还有一点也是重要的:亚里士多德对运动的解释是纯古典的,他并不认为造物主参与了这一过程,同时也夸大了人类活动的意义。如果没有上帝的参与,自然界中的任何事情都无法完成,尤其是行星旋转和石头坠落等基本运动。而且,对于大多数运动来说,人类都没有参与其中,例如自然现象。中世纪时期,人们认为运动的完成不是由于人类的参与,而是因为造物主的作用。他们会经常这样说,这难道不是再自然不过的事吗?正是由于造物主的参与才实现了运动。那么,参与形式是怎样的呢? 法国哲学家 J. 布里丹(Jean Buridan)在1328—1340 年的研究中,引入了"动力"(impetus)的概念来描述这种参与方式:"驱动者使被动者移动,在它上面附着一定的动力或某种力,使被驱动的物体向驱动者施力的方向移动,或向上,或向下,或向侧面,或按圆圈运动。"[74]

在这种情况下,运动被认为是造物主的行为。很久之后,库萨的尼古拉对"动力"的解释证明了这一观点。戈里高里扬和祖波夫指出:"在身体健康没有被摧毁时,动力就像生活在身体中的灵魂。"对于一个中世纪的人来说,灵魂和理智如果不是来自上帝,还能来自何方呢? 库萨的尼古拉认为:"动力使一个生命体充满活力,不断刺激身体进行活动。只要这个身体还健康地活着,运动对它来说就是自然发生的。"[75]我们现在会认为这一运动是因惯性而持续的。

扔石头的人又发挥了什么作用呢? 可能与工匠(陶工)的作用大致相同,他要"准备"创造事物的形式。虽然陶工通过创造某种形式(塑造材料)来帮助造物主,但在表达上,创造仍然是由上帝来进行的。正如著名基督教神学家德尔图良(Tertullianus)所说,正是上帝用自己的"呼吸和热量"唤醒了物体的生命。[76]换句话说,神和人的协同努力是活动的必要条件。人抛出石头,但石头是凭借造物主的"作用"才飞起来的。"动力"就是这样一种协同作用的表现,它不需要接触和传递运动的媒介,但它完全符合物体在虚空中运动的观点。这不仅仅是因为虚空现在可以被认为是存在的,而且关于动力的观点使人们有可能寻找到关于运动的新解释。戈里高里扬和祖波夫认为,正是这一点最终导致了能量原理的提出,并解释了速度对介质的依赖性。如果说亚里士多德只是将速度的变化与介质的作用联系起来,那么关于动力的观点就可以引导人们去寻找与运动本身内在相关的其他原因。

文艺复兴时期,人们开启了一个重要的思想过程,即开始重新思考使自然运行的神秘力量。在中世纪，人们已经发现自然的所有特征，比如它的多样性、蕴含的可控制的力量和能量，以及那些针对人的自发运动等。那些之前被解释为神的行为的活动，现在开始被解释为自然本身的属性和构成。但同时，从表面上看，那些陈述似乎恰恰相反：把自然与神相提并论。例如，库萨的尼古拉在《论有学识的无知》对话中写道："我认为柏拉图称之为世界之灵的东西，就是亚里士多德所说的自然。但我相信魂灵和自然不是别的，正是神，他创造了万物，是万物之灵。"[77]

不要被外在的形式所欺骗，它是为相信它的人设计的，几乎所有事物都是如此。分析表明，文艺复兴时期的人们经常以神的名义提出完全不同的、非常理性的观点。那么，神和自然是如何被认知的？库萨的尼古拉提出了这个问题，并给出了回答：这种认知是在数学的基础上，通过把人类形象与神原型进行同化的类比来实现的。因为只有数学能提供清晰的、准确的知识，而不是模糊的感官印象。在另一部作品《关于可能性及存在》的对话中，库萨的尼古拉说道："除数学之外，我们的知识中没有可靠的东西……数学的对象源于我们的理性，在我们最初诞生时即存在，我们认为它们属于我们或我们的智慧。确切地说，作为实体，它们具有创造者的精准理性……也只有创造它们的人才能准确地了解所有神力创造的作品。如果说我们对它们有所了解，那只不过是因为我们就像借助于'镜子里的反射'一样，接受了神的智慧反射，以及我们所知的数学的象征性提示。也就是说，我们知道通过数学按图形来创造存在的形式，而这些图形则创造了数学中的存在。"[78]

如上所述，库萨的尼古拉认为人是"第二神"。事实上，人从神那里借来了理性的意志和信仰，一个重生的人变得更加独立于造物主。他不再害怕世界末日和最后的审判，越来越认为神是生命存在的条件，是生命和自然遵守的法则。人类也越来越认为自己相对于造物主来说并不那么完美。如果神创造了这个世界,那么原则上人也是能够做到的。正如费奇诺所写的,人类可以独自创造天体,"如果他有工具和天体材料"。[79]

在古代,人们对科学的理解从根本上脱离了实践,而现代科学则不同,它从诞生起就是以实践为导向的,现代科学是新实践的一部分。伽利略发表他的研究时,致读者道:"民众生活是要依靠共同努力和互助的,而这种情况下使用的工具,主要是由技能和科学所提供。"[80]技能和科学在这里不再被视为通往不朽的途径(柏拉图的观点)或者对神的观察(亚里士多德的观点),而是作为维持民众生活的必要条件。F.培根是这样理解新科学的目标的,他在《学术的伟大复兴》中写道:"我们要提醒所有人记住科学的真正目标,不是为了娱乐,不是出于竞争,不是为了傲慢地看待别人,也不是为了利益、名利、权力或类似的低级目标,而是为了生活和实践的功用,为了在互惠互利的情况下实现协调和完善。"[81]在《新工具》中,F.培根提出"发现正确的公理,主导一系列实际应用",科学的真正目标"只能是为人类生命(生活)赋予新的发明和益处"。[82]

但科学是如何帮助人类的,为什么它会成为实践的必要条件? F.培根在这里表达了当时的普遍观点,他认为新的科学将使人类掌握并控制自然成为可能,人类将骑着这匹"骏马"飞快地到达想去的地方。F.培根说:"人对事物的掌控只限于一些技能和科学。因为如果不屈从自然,人们也就不能控制自然……就算人类只是拥有对自然的权利,是神恩赐给他的自然,就算他会变得很强大……因此,对于真实、完美的知识公理的要求是,它可以揭示另一个自然,并把它转化为该自然;它限定了自然的已知部分,要求它更接近真实的自然。但这两个要求对于发挥作用的、直观的本质来说,是相同的。在活动中最有用的东西在知识中就是最真实的。"[83]

对于活动的这种新理解,基本上已经属于工程活动,其中还包括自然活动,它不仅产生于亚里士多德的思维关联路径图中,也根植于实践活动和"神秘活动"的路径图。让我们回顾一下亚里士多德和费奇诺的论点。亚里士多德指出,有效实践的条件是获得相关自然现象的知识,并在此基础上完成这一实践。费奇诺认为,为了释放自然效应(力、能量),必须要利用物质制备事物,即创造事物的特有构造。

如果没有对"自然"与"人工"的关系进行重新思考,那么也就不会对工程活动有所理解。在库萨的尼古拉的著作中,就已经把自然的事物作为人工产物的一个方面,反之亦然。他写道:"没有什么不是自然或人工的,一切都与这两者有关。"[84]在中世纪之后,人们习惯把事物看成是神的创造,神存在于事物中,不断发挥着作用。从16—17世纪开始,当创造在"人工的"(技能的作用)范畴内被重新思考,人们便认为上帝在事物中的存在和运行是通过"天然"(自然)的范畴来体现的,事物的自然性和人工层面就更加接近了。在这方面,俄罗斯学者 Л. М. 科萨列娃(Л. М. Косарева)认为要注意这样一个事实,即在伽利略的著作中,"自然之物和人工产物具有同等地位,而这在古代被认为是根本无法相容的两种东西。这一新理念在科学中的出现反映了欧洲文化作出的巨大努力,人们力求平衡'天然'和'技术-人工'的地位,这种状况在文艺复兴和宗教改革时期达到了顶峰。正是在这一时期,在对存在的解读方面,科学与技术实践、工艺活动之间存在的界限首次被打破,而这条界限古代科学家和工匠们都没能跨越,不论是艺术家、设计师,还是建造师都没能做到。"[85]

神的创造和神化观念的思想经过神秘主义和理性的重新思考,自17世纪以来,已经转变为对现实的新理解,成为一种"人造自然",即经过人工改变的自然,通过人力、活动及技术变成人类需要的状态。科萨列娃指出:"在17世纪,痴迷人工制品的时代开始了。如果说真实自然使我们联想到情绪、'被人工自然破坏'的领域、混乱冲动,分裂意识并干扰其'向心'的努力;那么人工机械装置、人工制品就会让我们联想到系统的、合理的、设定好的、对自己和周围世界的完全掌控。机械的形象开始在文化中获得神力的特征;而与其相对应的,就是一种直接给予的、具有事物的天然秩序、生机勃勃的自然,充满神秘的、蕴藏丰富的自然,去神性的自然。"[86]正是根据这一引导,人们可以初步理解F.培根的奇怪表述,如"潜在的过程""隐藏的模式""新的自然",这些表述也赋予了事物相应特性。

在解释对经验或实验的理解时,F.培根这样写道:"人类伟大的事业和目标是为了向被给予的实体传达一种或一些新的属性。人类知识活动的目的是揭示这一属性的形式,或真实的差异,或生产的特性,或诞生的起源……有两项次级且深入的工作从属于这两个最初的事业。第一项工作是在可能的范围内将一个特定的物体转变为另一个物体;第二项工作是在每一个起源和运动中发现隐藏的过程,这一过程从活动可见的起始,到形成可见的实体,一直持续到新形态的出现,并发现那些静止物体中的潜在模式。"[87]在这里,新的自然是"人工自然",而隐藏的过程和模式是这一自然的构造,它不仅在认知中被揭示,还表现在普遍自然现象的人工因果关系中。

"就认知内容而言,我们不仅是在创造一个自我呈现的自然界(当它自行运转时)的历史,如创造天体、陨石、地球、海洋、矿物、植物和动物的历史,而且是在创造一种相互关联的、有因果关系的自然的历史,当人类的技术及应用使其脱离常规状态时,就会对其产生影响并塑造其形态。……以技术为媒介,事物的本质更多地体现出受限性,而不是其自由性。"[88]

这种说法表明,F.培根可能将工程的效果与受人工约束的自然活动联系起来,而不是与自然的通常表现形式相关联。也就是说,按照

F. 培根的说法，"自然"指的根本不是某种自然元素，也不是表面上的自然现象，而是人工自然，即借助人类活动、技艺和技术"展现"（构造）出来的自然。

因此，关于自然的现代思想经历了又一次转变。首先，它所有的神性部分都被合理地重新解释。自然不是上帝的创造和行动，而是他理智的"异存在"：异存在是一种独特、自主的生命形式。而且，自然是"用数学语言写成的"，它的过程是包罗万象的，并遵循某些规律，在掌握这些规律的基础上，人类可以对自然进行某种程度的控制。

其次，作为第二神的人类一心一意想把自然变成自己的工具，用人力约束它，或者说，是从自然中创造出一种特殊的技术。

值得注意的是，作为哲学家，F. 培根形成了自己的思想和话语，为了在科学和实践中以物质形式展现出这些思想和话语，还有很多工作要做。这些工作是由新思想体系下的一系列科学家和工程师们来实现的。根据研究成果的意义与影响，下面选择3位众所周知的学者为例，说明这一发展历史。

**列奥纳多·达芬奇、伽利略和惠更斯研究的比较分析**

达芬奇（Leonardo da Vinci）创造了工程制造的样板，这项工作在今天属于发明家的工作范畴。伽利略与惠更斯（Christiaan Huygens）一起为以自然科学为基础的工程活动和基于自然规律的计算工作开辟了道路。

表面上看，伽利略和达芬奇的出发点具有相同的基础和原则：他们赋予数学第一重要的意义，认为它是接近神性的知识，尝试在科学知识的基础上建立实践（技术）。对他们来说，除了神，自然是唯一的现实。尽管如此，达芬奇的设计也是属于创造性的活动，是"写在纸上的工程学"，而惠更斯则完全是在伽利略的工作基础上创造了现代工程学的第一个范例。

然而,我们仔细地分析就会发现他们的工作存在着显著差异。首先,对于工程师应该做什么这个问题,这些思想家有着不同的理解。对于达芬奇来说,这几乎是创造"第二自然"的直接行为,他认为,工程师有权创造美丽或丑陋的东西。要做到这一点,他必须依靠数学,借助其研究事物的结构原理以及"自然",他可以从其中窥见事物配置的原理。相应地,为了确定这些原理,需要进行实验,来观察工程师们所选择和定位的那些自然过程。在这一切的基础上,工程师创造了一种人工结构,这是一种第二自然,运用了数学原理和物质构造原理。

伽利略希望自然本身为人类服务。按照他的观点,自然是"用数学的语言写成的"。也就是说,如果深入研究数学,那么人类就会看到数学关系表达的自然过程。但是从表面上看,自然并非如此,它隐藏了自己真正的本性。为了揭示自然,根据数学语言所表达的原理,伽利略把经验转换成实验。在实验中,自然过程在技术手段的帮助下发生了转换,使其开始按照数学结构(数学模型)规定的逻辑运行。但伽利略给自己设定的任务是创建一门新的关于自然的科学,以及一种可以在自然规律的基础上运行的技术结构。

惠更斯的工作把达芬奇和伽利略的两种方法融合在了一起。一方面,惠更斯创造了一个技术产品——时钟,该时钟实现了新科学所揭示的自然规律,即钟摆的等时摆动定律;另一方面,为实现这一目标,他必须根据达芬奇的方法设计出一个结构,即摆锤的限制器,而这样就要使用数学知识,并观察研究它的摆动。下面,让我们更详细地来研究一下这两种方法。

**达芬奇的研究**。虽然文艺复兴时期的艺术家和工程师记录了很多关于"模仿"及"描述"自然的工作,但他们把自己的创造理解为"作品"。达芬奇写道:"如果一个画家,希望看到唤起其爱意的美丽的东西,那么他就有能力创造出它们,如果他希望看到恐怖的、丑陋的东西,或滑稽可笑的东西,那么他和上帝也都可以主宰它们。"[89] 换句话说,文艺复兴时期的艺术家(工程师)感觉自己就像一个创造者。而在此之前的文化中,在古希腊、古罗马和中世纪时期,造物主只能是上帝,思考所产生的一切都是被上帝创造出来的,艺术家精心创作的"作品",只是在模仿造物主创造世界的基础上展现出来。文艺复兴时期的艺术家有不同的想法。俄罗斯哲学家盖坚科(П. П. Гайденко)指出:"工程师和艺术家不仅是古代和中世纪时期的'技术能手',他们还是创造者。通过自己的工作,不仅创造了舒适的生活——就像神圣的造物主一样,还创造了存在本身:美丽的、丑陋的、荒谬的,或可悲的各种存在,实际上,他们甚至可以创造星球……艺术家现在不再那么多地模仿上帝创造出的产物,尽管模仿仍然存在,不过他们模仿的是上帝的创造行为:在上帝所创造的事物(即自然产物)中,努力寻找其创造规则。"[90]

所以,艺术家和工程师不仅能够模仿和描述,而且可以创建、再现及创造!对于一个凡人来说,这些能力是不是太多了?但问题是,文艺复兴时期的艺术家并不觉得自己是一个凡人,从文化层面来讲,他们的确不是普通人,而是我们今天所说的"通晓神秘教义者"。艺术中的神秘主义传统源远流长,可以追溯到古代毕达哥拉斯徽章*的创造。通晓神秘教义者不仅发现和再现了真实的存在,而且完全根据神的意志创造了它们。同时,他们也依据一些关于规律以及现实结构的知识。因此,文艺复兴时期出现了"自然魔法师"的说法,他们不仅能创造、创

---

\* 毕达哥拉斯学派将一个用五角星做的图案当成徽章,并在每一个角的顶端刻上字母,按逆时针方向把它们读下来就是:υγτειαν("健康"的意思)。他们对五角星情有独钟,除看起来比较漂亮外,还因为它蕴藏着具有丰富含义的"黄金分割比"知识。——译者

建神迹(奇迹),还研究自然及其规律,并在创造过程中使用它们。按照意大利哲学家乔瓦尼·皮科·德拉·米兰多拉(Giovanni Pico della Mirandola)的说法,魔法师"把神的力量召唤到世上,好像它们自己从隐藏的地方出现并充满了世界,这要归功于上帝的无所不能……他把奇迹召唤到世上,从隐藏在世界偏僻角落中,从大自然深处,从神的储藏室和藏身之处,就仿佛大自然本身创造了这些奇迹"[91]。布鲁诺(Giordano Bruno)赞同米兰多拉的观点,他认为:"魔法是超自然研究的起源,它是神圣的,可以通过观察自然,寻找到它的秘密,它是自然产生的,用数学表达的核心秘密。"[92]

现在让我们来看一个具体例子——达芬奇是如何发明降落伞的。达芬奇的研究经常是从实验开始的,他观察了物体坠落的过程,并把实验结果记录在笔记本上。最终,他设法获得知识,并以数学形式确定下来:"重的物体加速下降,轻的物体匀速缓慢下降。"这些知识启发了达芬奇设计降落伞的想法。他的推理可能是这样的:如果你把一个沉重的物体和一个轻的物体连在一起,让它们从同一高度自由落下,那么重物的下降速度就会随着轻物而减慢。首先,达芬奇以图形的方式描述了这个设想的第一次实施过程,他绘制了降落伞的草图。请注意,这时达芬奇还无法知道降落伞的具体下降速度。为了确定这一速度,并了解应把重物与哪种轻物连接,通常需要进行无数次实验。接着要做的就是创建降落伞的原型,将降落伞的设计进行实物再现,并进行测试。

因此,尽管达芬奇在创作他的工程作品时使用了数学和物理知识,但在最终的设计中,他遇到了一些无法预测也无法计算的自然过程。

**伽利略的研究**。伽利略提出了如何建立新的科学的方法。要完成这一工作,在理论上要以技术服务为导向,其中所研究的自然现象的理论特征不是来自现象本身,而是源于实验过程,这些实验过程在技术上与理论的数学结构一致。因此,该理论可以预测所研究的自然现象的活动，即作为技术活动的模拟。伽利略认为，自由落体过程完全可以用法国哲学家尼科尔·奥雷斯姆（Nicole Oresme）在中世纪提出的数学模型来描述。它是一个直角三角形，其中底边表示物体以均匀增速下落到最低点的时间。对这个模型的分析表明，所有的物体都应该以相同的速度下降，而与重量无关。但伽利略的反对者认为，这个模型并没有描述坠落物体的真实情况。例如，在某些情况下，重量轻的物体匀速从空中坠落。伽利略坚持使用奥雷斯姆的模型，他首先提出要考虑环境因素，如阿基米德力和空气阻力对下降物体的影响，然后通过技术手段为下落物体创造特殊条件，如在第一个实验中用奥雷斯姆的模型严格描述自由落体。伽利略的实验也为工程概念的形成奠定了基础，特别是提出了工程机制的概念。

事实上，任何一种机制都包含某些自然力和过程的相互作用，如伽利略的自由落体机制包括物体在其重量的影响下均匀加速下落的过程，以及决定这些力和过程的条件或因素，再如落体受空气介质影响会产生两种力——阿基米德力和摩擦力（这是因为在下降时，物体经过了推开并脱离介质的粒子的过程）。此外，还有一种情况也很重要：在表征这些条件的参数中，自然科学家通常会确定他自己可以控制的参数。因此，伽利略确定了他可以控制的物体的体积、重量、表面处理等参数。事实证明，即使是物体的速度也可以通过减缓物体在倾斜平面上的下降来控制。最终，伽利略设法创造了这样的条件，使坠落的物体严格按照理论发生运动，即它的速度增量均匀地产生，物体的下落速度与其重量无关。[93]

伽利略运用奥雷斯姆模型的策略也很值得关注。一方面，他被迫转向对可观察现实的分析，并认识到环境的作用；另一方面，伽利略用柏拉图主义的精神将这种作用解释为坠落过程的偏移。与此同时，他从两方面考虑自由落体的本质：一方面是作为"物体在真空中坠落"的理想化案例，即当介质的阻力完全消除时，物体坠落的案例；另一方面是使这一理想化过程产生偏差的因素。伽利略认为："不同重量的物体下降速度不同不是由于它们自身的重量不同，而是由于外部因素——主要是介质的阻力——造成的，如果后者被消除，那么所有物体都会以相同的速度下降。"[94] 在这里，"物体以相同的速度下降"是一个理想化的下落案例，"介质的阻力"是影响物体按理想化模式下落的重要因素。

伽利略并没有为自己设立特定目标，去获得创建技术设备及其构成对象的参数的知识。但是当他提出使用倾斜平面的设想并进一步确定其参数时，他完成了这一任务，即作为与主要问题相关的附属问题之———创建描述自然法则的新科学。

**惠更斯的研究。** 惠更斯为自己提出了与伽利略相反的任务。如果说伽利略认为一定的自然过程（物体自由下落）是已知的，然后创建知识（理论）来描述这个过程的运行规律，那么惠更斯则是给自己提出了与此相反的任务：根据已知的理论知识（理想过程的参数比），来确定符合这一知识的真实自然过程的特性。实际上，正如对惠更斯工作的分析所表明的，完成他的任务更为复杂，不仅要确定已知理论知识所描述的自然过程的特征，还要获得理论上的其他知识，以确保同构关系的条件，确定研究者可以自己调整的客体参数。而且，所确定的参数必须与根据方案提出的、确定的其他参数建设性地联系起来，以便获得整体运行的技术装置，并可以在其中实现已知理论知识最初描述的自然过程。通过实验，惠更斯得出一个结论：在科学知识的基础上，无法确定所创建技术装置的所有组成部分。一些核心构成，实际上是在这些知识的基础上计算出来的，而另一些构成，事实上是按经验创造出来的。准确地说，它们不是按旧的方式，而是按达芬奇的逻辑构成的。因此，在惠更斯的工作中，上述两条工程学发展路径融合在了一起。具体来说,惠更斯面临的工程任务是,根据一定的物理关系设计一种等时摆动的钟摆。这种钟摆从运行路线中任意点到最低点的下落时间不应取决于其下落的高度。这一问题的解决之所以至关重要,是因为当时社会对精确测定时间有着迫切的实际需求。惠更斯发明的摆钟,虽然在当时很先进,但仍然不够精准。惠更斯写道:"一个简单的钟摆,不能作为一个可靠和等速的时间计量器,因为它的摆动时间取决于其摆动幅度:大摆幅要比小摆幅所需时间更长。"[95]

通过分析满足时钟匀速运行所必须遵循的物体运动规律,惠更斯得出结论:如果钟摆沿着摆线落下来,它就会等时运动。在进一步发现"摆线的延长也是摆线"的特性之后,他将摆锤悬挂在一根线上,并在其两端放置摆线弯曲的条带(曲柄),以便"在摆动时,使线从两侧落到曲面,而这时,钟摆就会真的沿摆线运动"[96]。

因此,根据摆锤功能的技术要求和力学知识,惠更斯确定了能够满足这一要求的设计。在解决这一技术问题时,他摒弃了古希腊、古罗马时期和中世纪进行技术活动时,经常使用的试错方法,而采用了科学方法。惠更斯将时钟构成的各部分运动简化为自然过程和模式,特别是钟摆的等时摆动,然后从理论上描述它们,并应用获得的知识来确定新构成的结构特性。在得出这一结论之前,他是在"对话"思想*的指引下对力学进行研究。惠更斯并没有忘记他的最终目标——研究钟摆的特性,他写道:"我必须研究摆动的中心……我在这里证明了一系列定理……但在所有这些之前,我描述了钟表的机械装置。"[97]

换句话说,惠更斯的研究是建立在伽利略所构建的科学知识(作为模型的理想对象)和真实自然对象之间的关系上的。如果说伽利略说明了如何将真实物体与理想物体相对应,并在实验中将理想物体变

---

\* 这里指的是伽利略的著作——《关于两门新科学的对话》。——译者

成模型,那么惠更斯就展示了如何将理论和实验中获得的理想物体和真实物体的对应关系应用于技术目的。对于工程师来说,技术任务的每个客体,都是一种遵守自然法则的自然现象,同时也需要人为创建的工具、机制、机器和构造(第二自然)。

在工程活动中,"自然"和"人工"现实的融合迫使工程师既要依靠科学,从中汲取自然过程的知识,又要依靠现有的技术,从中获取材料、结构、技术特性、制造方法等方面的知识。结合这两种知识,工程师发现了自然和实践的一些"交叉点",既要满足该对象的使用需要,又要使制造者的活动与自然过程相一致,这与亚里士多德及文艺复兴时期哲学家的思想相呼应。如果一个工程师在这样一个双层现实中筛选出一个连续的自然过程链,其运行正好满足所创建对象的功能需要,并且在实践中找到运行这一过程链的"启动"方法,并进而实现对它们的操控,那么他就达到了自己的目标。因此,惠更斯可以证明,钟摆的等时运动能够通过摆线展开的结构来实现。这一结构改变了钟摆的下落方式,从而引起了一个自然的过程,既符合力学的科学知识,又符合时钟机构的工程要求。

惠更斯在论文中提出了需要解决的任务:必须扩展伽利略关于物体坠落的学说,证明一些新的定理,研究曲线的展开(最终惠更斯创立了渐屈线和渐开线理论),探究钟摆摆动中心,最后将获得的知识转化为时钟专用的机械构造。

特别值得注意的是,钟表的创造包括两部分工作:一部分是按旧的方式发明的带有齿轮和擒纵结构[98]的机械部分;另一部分是计算部分,需要计算出保证摆锤等时摆动的摆线的平面。为了确定等时摆动曲柄的形状,首先应确定摆锤的长度,这很容易通过摆的长度与摆动周期的平方成比例的定理来完成。比如,已知我们设计的钟表摆锤的长度为3英尺(约91.44厘米),可以得出一个方法确定曲柄颈曲率 $T$ 的摆线,随后惠更斯讲述了如何根据所研究的特性来设计摆线。[99]

从惠更斯的工作开始,自然科学知识(如机械学、光学等)就被系统地应用于创建各类技术设备。为此,工程师-科学家在自然科学中划分或建立了专门的理论知识体系。与此同时,正是所创造的技术装置的工程要求和特性影响了知识的选择,或者影响了需要理论证明的新理论规则的制定。这些要求和特性(在惠更斯的研究中,具体体现在建立等时摆锤的要求,以及当时所创建的机械结构的技术特性)指出需要考虑哪些物理过程和因素,例如物体的下落和抬升、摆线的性质及其展开、重物沿摆线的下落,以及哪些因素和过程可忽略(如空气阻力、摆线在平面的摩擦)。最终,理论研究引导了最早的工程计算。

确实,在这种情况下,计算的前提条件不仅是力学、机械学、光学、流体力学等知识的应用,通常还要有预先建构的理论途径。计算确定了技术设备的特性,一方面是根据指定的技术参数(即工程师自己设定并在现有技术中可以控制的参数),另一方面是根据在技术上必须实现的对物理过程的描述。对物理过程的描述来自理论,然后给出该过程的某些特性的技术参数值,最后根据理论上物理过程特性的相互关系,确定工程师们需要的参数。

在惠更斯关于时钟的论文中,他进行了几种计算:简单的等时摆锤长度、调节时钟行程的方法、立体物体的摆动中心。事实上,阿基米德的理论已经包含了一些特殊的计算,例如,漂浮物体的稳定性,也许古代伟大的科学家正是借助这一结果进一步计算出了技术结构。然而,对于阿基米德来说,计算是科学之外的工作。在阿基米德的理解中,计算一个技术结构可能就是确定一个数学思想(本质)存在的个案之一。对于像阿基米德这样级别的科学家来说,这样的问题是完全可以解决的,而且从他创造的理论来看,他确实不止一次地解决了这类问题。

因此,如果说伽利略创造了自然科学的第一个样本,那么惠更斯就是创建了工程活动的第一个样本。也就是说,惠更斯展示了如何基于新科学知识（后来被称为"自然科学"）来创造一种技术：首先，在自然科学中研究自然过程；然后，尝试操控这些自然过程；最终，"自然是用数学的语言书写的"这一新的世界观逐渐形成。这是一种潜在的机制，但是在自然科学中，这种潜在的机制可以用自然法则的形式来描述，而在工程学中，则可以利用这些法则来创造真实的机械装置。

从达芬奇和伽利略所进行的两种工程的发展路径中可以发现，它们的工作有很强的独立性。它们与科学工程有所不同，但在工程创造中仍然被卓有成效地结合起来。例如，发明家们不断创造新的技术结构（如机器、设备），而这些又成为自然科学家和工程师的研究对象。在这些研究的基础上，人们发现了技术科学的新规律，并根据惠更斯的研究结果创造出更多的工程项目。

自然科学和工程学的成功结合越来越掩盖了这样一个事实，即以数学语言表达的理想化的自然。人类已经掌握的现实其实只是真实自然的一小部分，或者说"实验中的自然"不能等同于真实自然。

事实正好相反，17—18世纪的人们倾向于将理想化的自然等同于整个世界，将自然科学知识视为关于世界的真实知识。社会生活开始越来越多地被理解为对自然规律的研究，与此同时，人类自己和社会也被理解为一种自然现象，发现其实践效果，在工程中创造出实现自然规律的机械和机器，在自然科学和工程学成果的基础上，满足人类日益增长的需求。启蒙运动不仅发展了这种新的世界观，而且为其在生活中的传播创造了条件。众所周知，围绕《百科全书》*而联合起来的先进思想家们，希望实现F.培根描绘的"学术的伟大复兴"计划。该计划将社会进

---

\* 《百科全书》被视为18世纪法国启蒙运动的最高成就之一，也是启蒙思想家狄德罗（Denis Diderot）的代表作。在编纂过程中，围绕主编狄德罗形成了一个重要的思想派别，即百科全书派。——译者

步与科学进步联系起来,自然和启蒙运动的概念成为所有教育者的最初理念;后者致力于培养新的教育者,即面向科学和技术的人才。[100]

新欧洲人对自我的理解是双重的:首先,他们将自我视为遵循自然法则的存在,正如康德所说的"自然属性";其次,他们将自我看成是自由的匠人、创造者,是凌驾于大自然之上的工程师,能够认知自然,掌控自然过程并改变自然。到了20世纪,在讨论一个新的"解释性"心理学项目时,苏联心理学家维果茨基(П. С. Выготский)完成了对人类的类似解读。他认为,从作为自然科学基础的心理学角度说,人可以认知自己的本性,并掌控它。在这里掌握被理解为工程活动的一种,相当于"应用心理学"。维果茨基写道:"心理学被要求通过实践来确定其思想的真实性,与其说是试图解释人的心理,不如说是要理解并掌控它。与之前的心理学相比,在整个学科结构中,它是完全不同的实践学科。因此,心理学技术(即应用心理学)在选择其需要的心理学理论时不会摇摆不定。后来的唯心主义者也对其进行过深入研究,认为它主要与偶然的、客观的心理学现象相关;对于非偶然的心理学现象,应用心理技术则不起任何作用……从事实出发,即应用心理技术需要的唯一心理学应该是一种描述性和解释性的科学。现在可以说,当时的心理学还只是一个经验学科,一个使用生理学数据进行比较的科学,后来它才成为一种实验科学。"[101]

人的自然属性(天然)独立了出来,导致人类活动的所有路径图都发生了改变。原本,人类在这些路径图的基础上活动,了解并感受自己,构建出自己的感受。圣奥古斯丁(Aurelius Augustinus)*已经在《忏

---

\* 圣奥古斯丁(354—430),天主教圣师,古罗马帝国时期天主教思想家,欧洲中世纪天主教神学、教父哲学的重要代表人物。他的著作《忏悔录》被称为西方历史上"第一部"自传,至今仍被传诵。——译者

悔录》中证实,他自己的行为与意识的理性调整相矛盾,但是对于他来说,没有任何语言和路径图可以让他真正理解这种情况。将对自然的观点投射到人身上,为这种意识创造了条件,而不仅仅是重新思考所有的人类活动、过程和状态。可以说,在这个时代,人类重生了,新技术发挥了巨大的作用。即使是新欧洲人,也不再像中世纪那样将生命的意义与上帝联系起来,而是与自然科学和技术联系起来。在17—18世纪,人们倾向于把自然科学理想化的自然等同于整个世界,并认为自然科学知识就等于世界的真实知识。社会和个人生活的目标和内容,越来越多地被理解为对自然法则的研究,发现实践效果,在工程中创造实行自然法则的机制和机器,以及在自然科学和工程成果的基础上满足人类日益增长的需求。法国哲学家孔多塞(Marquis de Condorcet)在《人类智力发展历史图景简述》一书中写道:"科学的进步确保了工业的进步,而工业本身又加速了科学的进步,这种日新月异的相互影响应该被视为人类自身变得更加有能力且强大的重要原因之一。"在该书最后一章,论述10世纪时,孔多塞指出了人类智慧未来进步的主要途径,而人类社会生活的进步也正是基于此:消除国与国之间的不平等,促进民族内部不同阶层之间的平等,实现人民之间的社会平等,最终达成人类真正的进步。[102]

在人类社会发展的这一阶段,人们继续专注于技术,并极大地扩展了自己的能力。诚然,自19世纪以来,工程学和基于其建立的工业发展,持续不断地、迅速地改变着人类的生活条件,同时也为人类自己的生活环境带来不可预见的、往往是不可接受的变化,但从20世纪下半叶开始,人们已经认识到,技术不仅仅是一种福祉,它同样伴随着某种威胁和风险。作为一个新的现实,技术重塑人类,并且不知要把人类带向何方。

对关于工程师的早期哲学思考的文献进行分析,不难发现,这些威胁与对技术的认知相关,并在工程学概念中获得清晰的阐释,例如,上面提到的恩格尔梅尔对技术的定义。

技术作为一个独立的现实,为什么没有像事物和手艺(техне)一样,如此之晚才被认知?这是因为,在古希腊、古罗马时期和中世纪,是不可能出现这种认知的,人们把创造的能力归结于诸神。手艺人(匠人)是造物主完成最后一道工序中"用呼吸激活事物"(如基督教神学家、哲学家德尔图良所说)的助手。直到文艺复兴时期,人们才开始认为自己是"第二神"(如库萨的尼古拉所说),能够创造"第二自然"(如F.培根所述)。这是技术认知的第一个条件。

第二个条件,自18世纪以来,人们才发现,那些常常给自己带来不悦和生命威胁的、自己创造的机器、结构和事物,也属于独立的存在。1884年,德国机械工程专家勒洛(Franz Reuleaux)提出:"艺术和科学技术不应该相互排斥,而应该努力满足彼此的需求,以更大的耐力和精神上深化的、微妙的美学规则,去对抗机器的破坏性影响带来的压力。"[103]

第三个条件,无法把工程创造的产品归属于自然或精神,不论是神的意志还是人类的精神。最后,这三个条件都包含在"技术"的概念中,它与"自然"一样,成为工程创造产品及其存在的最终本体。为了理解工程及其对人类的影响,人类创建了技术的概念。最初作为外在的现实,后来很快成为一种人类学现实,它不仅为人类带来幸福,而且还塑造并控制着人类。在19世纪末,德国哲学家弗莱德·博恩(Fred Born)认为:"技术的最高目标是实现人类的幸福,以及解决所有与此相关的问题。"[104]

### 设计的本质与特征

从历史上看,设计是在"制造"活动(建造房屋、造船、机械制造、城市规划等)领域中诞生的,它既是与设计图相关的制造活动的一个方面,同时也与未来产品(房屋、轮船、汽车等)的外观、结构和功能的集成模式相关。随着制造活动水平的发展和提高,建立在图纸和计算基础上的符号学和心理学活动变得越来越复杂,它开始实现以下职能:组织制造活动,提出产品制造专有计划并展现部分产品,将对产品的各种要求汇总在一起,展示解决方案,评估和选择最佳方案等。在这一阶段,所有这些功能都是在制造活动中形成的,实际上并未作为独立的现实被认知。

当建筑师(设计师、计算人员、绘图员)和制造者(施工人员、机器生产者)之间出现劳动分工时,设计开始成为一个独立的活动领域。前者开始负责工作的符号学和智力部分——构思设计、绘图、计算,而后者负责物质创造部分——按照图纸制造产品。

如果早期的绘图和计算活动一直与样品的制作和开发相关,那么在创造的这个阶段,这些活动是建立在独立的原则和知识基础上的,而这些知识也自然地反映了之前设定的绘图和计算活动与制造活动的关系。设计活动和设计现实正在形成,并具有以下一系列典型特征。

1. 设计与制造出现了基本分工。设计师的职责是开发(设计)完整的产品,解决其外观、结构和制造的所有问题,同时将各种要求与设计对象相结合。而设计对象的制造者则从物质层面创建产品,不会花费时间和精力在设计师负责的问题上。

2. 设计师使用图纸、计算和其他符号工具(模型、图表、照片等)在符号学层面详细拟定整个产品。他们面对的只是设计对象(原型或正在创建的对象)的一部分,即在知识、图纸、计算层面上得到的对象。

3. 设计的特点还具有一定的"逻辑"以及该活动之外无法实现的一些可能性。因此,设计者可以尝试调整设计对象中矛盾或不适配的要求;制定对象的专用计划和子系统,暂时不去考虑其他计划和子系统;描述设计对象相对独立的类型、功能、运行和结构部分,然后将它们结合起来;开发(解决)对象(产品)及其子系统的各种变体,比较这些方案;"把自己的价值观融入设计对象"。在开发产品时,设计者构建出一种独特的符号学模型,而该模型是在前一阶段获得的,可以把它们称为"抽象模型",然后用在设计后续阶段的模型建构中。

图纸设计作为复杂的符号学工具(路径图)的特殊性,可以同时表达两种不同的意义和内容:纯粹客体的内容和操作内容。图纸可以分解为单元、部分、片段等,且这些构成彼此间建立了各种关系——平等关系、相似性、整体及部分、比例关系、开和关、相邻关系、位置关系等。因此,设计方案可能会作为"知识和描述"在顾客、设计师和订货人之间的沟通中被初次阅读,然后作为复杂的指令在制造活动中再次被阅读。在这种情况下,图纸的独立单元被发送给特定的真实客体,以便进行测试和加工活动。

有效设计的条件之一是,在设计期间可以不去考虑所创建的实物客体,以及在实践中测试其属性和特性。设计的这一基本特点通过示意图以及科学、工程和实验的各种知识得到保障,并在设计时,在此基础上创建主要功能和结构,建立它们之间的相互关系。

事实上,通常设计要求从需求到功能,再从功能到确保其运行的结构,反之亦然。在设计过程中,有时会将一些功能分解成另一些,比如将复杂结构划分为一些相对简单的结构,或者相反,在设计的分析和综合阶段,将简单结构组合成更复杂的结构,或从一些功能和结构转换到其他功能和结构。同时,设计师坚信自己总会找到恰当的功能设计,可以相对自主地在功能"层面"和客体建构"层面"同时着手,因为它们总是与设计过程相关,可以借助已知类型的功能和结构,满足其对设计对象提出的要求。总的来说,建立这一信心的基础是知识——特别是原型知识,以及关于功能和结构(运行和构造)的结合关系的知识。

这些知识要么是在实践中通过经验获得(它们可以被称为"经验

知识"),要么更常见的是在工程和科学中被创造出来(如科学或工程学知识)。正是工程师决定了设计对象的功能,如何确保建立该功能和结构的材料和技术的之间的关联。

俄罗斯学者伊万诺夫(Б. И. Иванов)和切舍夫(В. В. Чешев)在《技术科学的形成和发展》一书中写道:"了解客体结构和功能特征之间的关系是设计活动的主要条件。根据设计对象的外在功能,构建其内部活动链,并确定其形态结构,在这种结构中的次序性应该是可实现的。"[105]

如果工程开发滞后或尚未形成,设计师会联络实际完成的专家(如制造商、运营商、消费专家),寻找设计所需的实验知识。现在,实验知识已经是设计院科学部门的主要研究内容之一。总结设计经验,对设计对象的经验进行研究,细化和完善设计标准,一系列科学研究实际上正是为了获得实验的知识。例如,如果说在建筑设计中涉及强度、载荷、稳定性,或在电气工程中涉及电流、电阻和电压的计算,都是在发达的工程学以及为其服务的技术科学的基础上进行的,那么计算人类在建筑物(或城市)中的行为和活动的任务,以及计算在复杂人机系统中的活动,都是基于经验知识和设想进行的,如样本描述、观察和综合等。

研究表明,设计是经过技术和工程长期发展后产生的。工程前期的技术活动涉及真实的工具、设施和机器,技术人员通过它们来进行应用实验、制作样板,使用传统技术工艺反复试错,逐渐完善自己的产品。工程学是设计的先行者,它初步将制定符号学模型(路径图、科学知识和理论)与技术活动相结合,将它们组织成一个统一的工程技术过程。在工程学方面,也是首次建立一个直接满足未来产品要求的流程。但是,工程师最担心且工作最受限的部分,是产品中两个方面与技术之间的关系:其一是能量、力量、运动的来源与技术的关系;其二是将这些自然过程带入生活,使其为人类服务的能力。这个问题也成为目的性活动的一个因素。

设计的工程学保障相对于经验保障的优势是显而易见的。第一,工程知识比经验知识更有依据;第二,它们更具操作性,更加严格和准确,因为它们可以计算出参数;第三,工程知识可以解决比经验知识更广泛的任务。最后一点可以解释为是由科学思想和理论所主导的。作为一个主要是符号学的、模拟的活动,科学研究可以创造知识,揭示规律及各种关系,不仅要面对实践的需求和要求,还要针对直观构造以及人类的认知观。因此,工程师借助科学知识来开发自己的设计。相比在现有实践中形成的活动关系,他可以运用所描述的更多领域的活动关系。反过来,应用关于功能和结构的工程知识,以及如何把功能与结构相结合的知识,工程师可以解决更广泛的任务(与根据实验知识解决的任务相比)。因此,科学、工程和设计之间通常存在着密切的有机联系:科学为工程学提供了必要的知识,而工程学则是设计活动的必要条件。

20世纪初,设计的兴起对工程活动产生了显著影响。特别是在19世纪,工学解决方案在以下三个重要因素的影响下发生了很多改变:第一个因素,在基于第一自然的活动的工作流程之外,出现了一些附加要求——经济的、人体工程学的,以及使用的要求等;第二个因素是出现了与创建标准技术产品(装置、机械传动、机器、蒸汽锅炉、电机等)相关的工程任务的标准解决方案;第三个因素是技术产品的制造转移到了工业领域。正是这些因素促使工程与设计出现了特殊的交集,更确切地说是,设计逐渐成为技术产品开发的主要形式。

这一时期,人们对技术产品提出了一些附加要求,除与自然相关的工作流程外,还需要研究其他流程,如经济学的、人体工程学的,以及运行的流程等。设计在这些不同的流程开发及其平衡中发挥着独特的作用。但问题是,工程师要如何获取制定这些流程所需的路径图和知识?研究表明,它们是在第二和第三个因素的影响下实现的。

自17世纪以来,随着工业生产的出现,制造和更新所发明的工程装置(如蒸汽锅炉和纺纱机、机床、轮船和机车的发动机等)的需求不断增长。计算和设计的工作量急剧增加,工程师们不仅要进行创新工作(即开发全新的工程装置),还要更新换代同类产品,例如,设计同一类型但具有不同特性的机器,如功率、速度、尺寸、重量和构造不同的汽车等。换句话说,工程师现在既要忙于创造新的工程产品,还要开发与设计出同类(同质)的、各个级别的工程对象。从认知上看,这不仅意味着由于对计算和设计的需求增加而产生了新问题,还意味着开启了新的可能性。同类工程对象范围的制定使得相关工程情况归类至特定类型,关联知识整合在一起。如果发明对象的最初样本是通过某种自然科学知识描述的,那么所有后续的迭代产品都可以归类到最初的样本。因此,一些自然科学知识类别和客体的工程路径图开始凸显出来,比如那些与流程本身相关的知识。事实上,这些正是技术科学最初的知识和客体,但它们暂时还没有获得自己的存在形式:自然科学知识以归纳分组的形式存在,而客体是以这些自然科学知识类别所属的工程对象路径图的形式存在。另外,在这个过程中还叠加了本体化和数学化过程。

本体化是工程装置设计图示化的阶段性过程,涉及将工程对象分成不同的部分,并用"理想化表示"(路径图或模型)来代替。例如,在机器(起重机、蒸汽机、纺纱机、研磨机、钟表、机床等)的发明、计算和设计过程中,到18世纪末至19世纪初,这些机器被分解成较大的组成部分[例如,克里斯蒂安(J. Christian)从机车整体结构中划分出发动机、传动机构和工具],然后再被分解成零散小件,即所谓的"简单机械",如斜面、螺栓、螺母、连杆等。这种理想化的表达方式,不仅可以将数学知识应用于工程对象,也可以用于自然科学知识。对于工程客体而言,这种表达方式是对其结构(或其元素构成)的示意性描述;对于自然科学和数学而言,会规定一些类型的理想对象,如几何形状、矢量、代数方程等,以及物体沿斜面的运动、力与平面的构成、物体的旋转等。

用数学模型代替工程对象本身是必要的,特别是在建构这些程序所必需的理想自然科学对象阶段,这也是发明、设计和计算的必要条件。归纳综合、本体化和数学化这三个主要过程的叠加,促进了第一个理想客体和技术科学的理论知识的建立。

在技术科学中使用数学工具的条件是什么？首先,必须要将技术科学的理想对象导入相应数学语言的本体论中,即用工程师感兴趣的数学对象所特有的构成(包括元素、关系及运算)来表示它们。但是,通常技术科学的理想对象与所选择的数学工具有很大不同。因此,工程对象的进一步路径图化和本体化的漫长过程开始了,它的结束是采用一定数学本体的技术科学的新理想对象的建构完成。

因此,工程研究者通过使用数学工具,有可能完成下列任务:(1)成功解决综合分析任务;(2)从理论上可能出现的情况出发,探索工程对象的整个研究领域;(3)建立理想工程设备理论,例如,理想蒸汽机理论、机械理论、无线电设备理论等。理想工程设备的理论是对某一类工程对象(我们称之为同质)模型的构建和描述(分析),也可以说,它是用相关技术理论的理想客体的语言来完成的。

理想设备是研究人员依据技术科学的理想对象的元素和关系所创建的设计,但它实质上是某一类工程对象的模型,因为它模拟了这些工程设备的基本创建过程和构造。换句话说,在技术科学中出现的独立理想对象,是具备自然性质的理想对象。这种结构模型的建立极大地简化了工程活动,使工程研究者能够分析、研究并确定他所创建的工程对象的主要流程和条件，特别是理想状态本身。

  但是，还有一个重要的过程决定了技术产品设计的转变，即标准的制定。什么是标准呢？通过分析苏联时期创建的标准，就很容易理解这个问题了。20世纪可以称为标准化的世纪。苏联和西方国家生产过程的标准化在很大程度上归功于军事工业综合体的发展。苏联时期，由于战备的需求以及供应商与部队的远距离供应状况，对产品提出了可替换性和质量保障的要求。越来越多的生产过程建立在设计的基础上，而这种设计则是在产品生产时，使用标准设计方案和标准构造及零件。仅凭知识和经验难以组织和管理这类生产。因此，官方研究制定了一系列解决这些问题的标准，如俄罗斯国家标准 ГОСТ、建筑规范 SNIPs，以及标准、设计方案库、设计模板等。

  社会标准（规范）的建立过程相当复杂。在制定它们时，首先要考虑到意识形态要求，如保密性、社会主义典型性；其次要考虑与标准化必要性相关的要求；再次，要考虑在某一领域使用标准的经验，也正因如此，已制定的标准会定期修订；最后，在标准最终审批通过之前，通常会经过多个机构多次复杂的协商程序，因此标准的制定要考虑苏维埃社会各个机构提出的不同要求。苏联专家参与制定标准，并在社会主义机构中讨论新的标准，这自然会导致这样一种情况出现，即这些标准反映了社会主义劳动和管理的精神和实践。从这一点来看，社会主义标准本身可以被视为一种特殊的社会制度，它们的使命是确保产品的质量，以及协调生产过程的各个环节，设定程序（标准化）、不断复制、建立不同机构（制度）所必需的合作类型。

  因此，可以发现促进现代工程学形成的几个过程：出现制定大规模标准技术产品的社会需求；需要扩展工程师开发的功能和过程，不仅是关于自然的，还包括其他类型的功能和过程；最终形成技术科学，从中汲取知识和路径图，使路径图和模型的使用量不断增加。所有这些都促进了向技术产品设计的转变,并使技术产品设计逐渐成为技术产品的主要研发方式。

### 技术发展的第三阶段:现代工艺与后工业文明中的人类

在19世纪及20世纪上半叶,工程学和工程设计成为技术发展的引擎,是主要的技术活动。但是自20世纪下半叶以来,在技术产品、系统和技术环境的创建中,工艺活动的重要作用则成为关键驱动力。

**工艺发展的第一阶段**。在这一阶段,工艺是一种"实体",它包括技术操作、过程、条件和认知形式、工艺的概念化等。那么为了理解工艺是如何形成的,就要仔细地研究有关工艺的早期工作。俄罗斯哲学方法学家维塔利·戈罗霍夫(В. Г. Горохов)指出:"约翰·贝克曼主要将技术视为一门独立的科学,其研究领域是生产过程的材料技术方面。……随着工业的发展,新建了许多车间和工厂,制造了许多工具、材料和商品……贝克曼试图在科学的基础上把车间和工厂的工作进行系统化,以促进对其进行的研究……他提出了'从哲学上,重新系统地制定工艺术语的问题'。"[106]

工艺产生的先决条件之一是工业(产业)生产,其二是对这些生产中进行的各种工作和过程的科学认知。这里涉及两个相互关联的问题:工业生产中哪些特征必须要阐明和描述,以及科学认知指的是什么。这一领域还出现了另一项开拓性成果,即查尔斯·巴贝奇(Charles Babbage)于1882—1883年撰写的《工艺与生产经济学》。

巴贝奇和贝克曼一样,提出了对工业生产进行科学认知的任务。他所指的概念化是基于三个重要的新事物:劳动分工、以操作的形式表示生产(过程),以及在劳动分工条件下进行的必要的管理活动。他在书中写道:"当生产过程被划分为一系列操作流程时,每个操作都需要某种程度的人工和技术支持,制造商可以通过购买服务获取每个专业操作所需的技术和人工。那么,如果这项工作是由一个雇员完成的,为了完成生产分配给他的繁重和复杂的操作流程,该雇员就要具备足够的技能和熟练的操作手法。因此,相较于那些不需要高技能的生产操作中的劳动,制造商为这位雇员支付的费用要多得多。"[107]

俄罗斯学者德米得里·雷巴尔卡(Дмитрий Рыбалка)指出:

除在机器生产中使用分工制度外,巴贝奇还描述了脑力工作的分工。他举了一个研究院工作的例子来说明这一问题。研究院的计算工作被分为多个阶段,在这里并不是由一个懂得所有公式和计算方法的人来完成全部的计算工作,而是由许多数学家分段进行的,每个人都专门从事某种计算。在通常的分工情况下,这种工作方式首先有助于节省工作时间;其次,能够减少员工的培训时间,因为员工不需要知道整个过程,只需要知道自己工作的部分;最后,可降低工作成本,因为掌握所有过程的专家并不多,而且聘用这样的专家费用更高。

除描述分工的所有好处和优势之外,巴贝奇还发现了由此产生的一些问题。在机器生产中使用分工系统,每个工人总是只执行分配给他的某些操作,因此没有一个工人能够全面了解整个生产过程。巴贝奇指出了企业中的管理干部以及一般管理人员所面临的问题。

于是,培养新一代管理者和设计师的专业教师的需求应运而生,他们需要了解设计的所有过程和阶段。巴贝奇指出了管理和设计中存在的主要问题。总体而言,巴贝奇在最初的工作中,谈到了使用分工系统管理生产的重要性,以及制定尽可能简单易懂的操作指令、尽可能简化工作流程的重要性。从某种意义上说,他谈到了创建一个系统的必要性。美国著名管理学家弗雷德里克·泰勒(Frederick Winslow Taylor)随后也阐述了这一点,而亨利·福特(Henry Ford)将其具体化。[108]

实际上,将巴贝奇和泰勒的观点进行比较是有意义的。现代管理学创始人彼得·德鲁克(Peter F. Drucker)非常赞赏泰勒的贡献,他指出后者创造了一种基于科学的真正方法:"真正对劳动过程产生兴趣的是泰勒,虽然他所看到的与诗人(如赫西俄德和维吉尔)和哲学家(如卡尔·马克思)所描述的不一样,但是他们都很推崇'技能'。泰勒指出,没有任何技巧的体力劳动是简单重复的动作。掌握最佳的执行方法和组织形式的知识使劳动者更具生产力。泰勒是第一个将知识和工作结合起来的人……在20世纪,只有一种哲学流派可以与泰勒的理论相抗衡,那就是马克思主义。然而,最终,泰勒超越了马克思。"[109]

事实上,泰勒在改进生产方面掀起了一场真正的革命。他把生产在文化中形成的自然过程转化为人工过程。为此,他建议根据体力劳动的材料研究生产活动,并根据研究结果以路径图的方式进行优化,然后通过这些路径图组织新的活动。德鲁克对泰勒的原则是这样描述的:

> 提高体力劳动生产力的第一个原则:研究任务并分析完成它所需的动作。第二个原则:描述每个动作及其构成所需要的作用力,并测算完成它的时间。第三个原则:取消所有不必要的动作。每次当我们开始研究体力劳动时,都会发现大多数耗费时间的劳动过程都存在浪费时间的问题,显然这降低了劳动生产率。第四个原则:将完成任务所需的每个剩余动作重新组合,尽量使员工花费尽可能少的体力和精力,并在最短时间内完成。然后按一个统一的逻辑序列再次组合所有的动作。最后一项原则是:必须相应地改变这项工作中使用的所有工具的构成。[110]

德鲁克认为所有后来的研究者在管理学上都是在追随泰勒的脚步,他是正确的。事实上,的确如此。实际上,他们研究了现有的生产活动和组织形式,然后利用从这些研究中获得的知识,设计了新的生产和组织方案,并推行这一方案,从根本上重建了生产过程。同样清楚的是,为什么在管理学中科学研究以及组织设计的工作如此重要。现在尝试从工业(产业)生产的角度来描述这一时期工艺形成的特征。

首先,工业生产是基于机器的工作,它是大规模的生产方式;其次,工业生产是在资产阶级竞争条件下发展的;最后,工业生产的再生产需要培养新专家,因此要进行培训。作为大规模的机器生产,工业发展加速了劳动分工,并提出了对标准化的要求。为了满足竞争,必须要节约成本,努力提高产品质量。此外,从泰勒开始,产业竞争迫使人们开始研究、优化和重建生产,并开展培训。工业发展的另一个成果是管理学的建立。现在的问题是,所有这些方面在科学知识中是如何被掌握和概念化的?显然,这里需要引入(揭示)一个新的现实,即工艺。工艺通过操作、运行条件、劳动分工及管理的语言描述了工业活动。与此同时,工艺开始制定一系列规定,如关于质量、经济、标准化等方面的规定,以及关于准确描述并优化生产过程和培训新的技术专家的规定等。

最初,贝克曼、巴贝奇及泰勒的研究中所描述的这些情况主要反映的是工业生产的特殊性,或者更确切地说是工业活动概念化的不同形式。概念化是一种新现实的个性化认知形式和固化构成。[111]但正是在这些概念逐渐趋同(但并不完全一致)的影响下,才形成了技术活动领域的新现实——狭义的工艺。

在技术发展的三个阶段(技术作为魔法、工程技术、工艺)中,技术与工艺出现了以下不同:第一,技术是创造人工制品的活动;第二,它有目的地利用自然效应(第一自然或第二自然);第三,它是一种应用于人类及其社会的开发活动,使人类能够实现自己的想法,如获得食物、创造舒适的生活条件、防御和攻击、空间的快速位移及飞行等；第四，正如海德格尔所说，技术是人类的现实，它不仅是人类创造的工具、机器和环境，也是人类生活中不可或缺的一个方面。结合之前的功能，技术可以被赋予"人类的社会体"的概念。[112]

**工艺发展的第二阶段：出现了大型社会技术项目的工艺。** 历史上有一段时期，即19世纪及20世纪上半叶，当时工程技术、工程设计及狭义的工艺充当了技术发展的引擎。在当时，这些也是技术活动的主要类型。但是自20世纪下半叶以来，在创建技术产品、技术系统及技术环境时，"广义工艺"或"大型社会技术工艺"项目凸显出来。广义工艺的提出是在人们学会如何管理生产和技术之后，当时人们已注意到管理与控制生产和技术可以解决一系列复杂的国民经济或军事方面的问题。

广义工艺包括创建信息处理系统、建造核电站、创造新一代电子计算机和移动通信等。在设计和开发这样的系统时，工程思想本身要求对自然过程进行研究、设计和计算，出现了一种重要但非统一的工作。同时，其他方面的因素也同样重要，如弄清楚确保这些流程运行的条件——开发资源、采用某些规划、组织复杂活动和管理等，并且要将其体现到生活中。实践证明，如果不创造专业条件，开展包括组织和管理层面，乃至政治层面的其他类型活动，那么这些项目的工程开发则无法进行。因此，主要工作转移到这些领域，而工程解决方案只是其中的一个方面。

例如，苏联原子能项目的实施不仅涉及核物理和化学领域的研究，还包括复杂的计算、反应堆和原子弹的发明，同时涉及组织开发团队、建设封闭城市和核工业（如车里雅宾斯克-40，阿尔扎马斯-60）、寻找及培养专家（大约有300名从战败德国引进的著名专家与苏联的学者、工程师一起参加原子能项目）、划拨巨额资金、组织间谍活动（一些历史学家认为,情报工作至少保障了项目成功的一半)、建立前所未有的保密体系,进行整个过程的有效管理,以及其他事项。[113]核项目的最终成果不仅是原子弹这一工程产品,还创造了核工业和广义工艺,能够生产包括各种用途的原子弹及用于和平目的的核反应堆。广义工艺和核工业不仅被视为工程活动的产物,它们更像是一个大型的、社会技术项目的产物。

在这一背景下,出现了一个新的工艺任务,即快速在技术现实层面创造一个超级复杂的技术系统。与建立工程学思维时不同,这一任务不需要工程师确定的、可以保障实际效果的自然过程。其主要的解决方案并不是创建一个能够确保启动并管理自然过程的系统,而是通过共同组织并有机整合多种类型活动(包括科学研究实践、工程开发、复杂系统和子系统设计),以及组织各种资源、政治行动等。与此相对应,为了在统一运行的基础上组织所有这些不同类型的活动和实践,需要进行其他的研究,如开发工程和工艺、辅助项目和资源等,直到创建出所提出的系统。

显然,并非所有国家都有能力解决这些问题,而最终决定开始实施大型工艺项目,仍取决于许多社会和文化因素,包括舆论、媒体宣传、议会决定、政府主导项目、生产商及专业协会的意愿等。换句话说,创建技术结构物(系统)的工艺方式涉及多种类型的活动和实践的设计和组织管理,从根本上讲,其取决于社会文化因素。或者也可以这样说:广义上的工艺可以被解释为同时完成技术项目和社会项目。比如,原子能项目既是一个社会项目,同时也是一个技术项目。

**工艺发展的第三阶段:出现了全球工艺。**目前,由于全球化进程的推进,大型社会技术项目的实施工艺发生了重大变革,并且在其基础上开始形成全球工艺。一个典型的例子便是伊朗建设原子能项目。它似乎与俄罗斯的同类项目相比,差别不大。然而,实际情况并非如此。

事实证明，它的实现和实施不仅取决于伊朗政府的意愿和决策，还取决于其他国家和国际社会对该项目的态度。例如，以色列担心来自伊朗的核攻击，采取了一些措施来阻止伊朗项目的顺利完成。[114]

自1970年以来，为解决地缘政治问题，美国和共同市场的主要国家决定对伊朗进行经济制裁。2005年，艾哈迈迪·内贾德政府决定在遍布农舍的伊朗领土上恢复铀浓缩计划。对此，布什政府实施了一系列新的制裁措施，主要是针对伊朗的银行，以及与伊朗核工业和武器工业相关的公司和个人。众所周知，在经济制裁的影响下，伊朗决定削减其原子能项目。

在实施大型社会技术项目方面，我们研究的一些例子，其成效是负面的，它失败的原因揭示了一个新的技术现实。现在，最新一代计算机、卫星以及将人送入轨道的航天技术、互联网和移动通信技术的发展则是创造全球工艺的正面事例。这些项目是由几个国家，或跨国公司和国际金融精英共同参与实施的新技术项目。事实上，这些都是全球项目，在实施过程中正在形成全球工艺。

最后，还要注意到一个规律，即广义工艺和全球工艺的发展发生在"近现代发展区"。下面通过分析创建"虚拟技术"的例子来介绍这个概念。近几十年来，信息技术的发展使我们可以创造许多技术和心理项目，这些项目在很多科学文献中被称为"虚拟系统""虚拟现实""VR技术"。编程技术的改进、半导体芯片性能的快速提升、向人体传输信息的特殊工具的研发，以及反向通信技术（如头戴式立体显示器——"可视电话"和"数据模块"，以及"数据集"，即内嵌可向电脑传输使用者运动信息的传感器的手套）的发展，都有助于人们创建新的感受和体验，以了解虚拟现实。从表面上看，这些技术会产生这样一种效果，即人类可以进入一个与真实世界非常相似的世界，或者是由剧本设计程序员预先设定的世界，例如，飞到火星，参加太空旅行或太空战争，或者最终在思维和行为方面获得新能力。

当然,新信息技术最令人印象深刻的成就,是可以使人进入虚拟世界,而且人不仅可以亲自观察和体验,还可以采取行动。VR系统可以让用户参与到虚拟世界的行动中,这种行动不是发生在传统的空间和世界中,至少从人类感知的角度来看,这似乎是一个很真实的世界。显然,这一切都意味着对信息新工艺需求的激增,从而推动其快速发展。这些情况就是VR工艺创建的先决条件之一。

早在20世纪60年代,就已经出现了与建立控制论相关的系列先决条件。正是在这门学科的框架内,人们详细分析了反向通信及创建控制装置的设想。第二个先决条件是创造了可以模拟事件和情节的计算机及相关计算机游戏。例如,设计这样一个虚拟场景:当一个人坐在行驶的汽车中,视觉图像会不断变化。第三个先决条件可以被认为是出现在20世纪60年代的关于虚拟现实的设想,但起初它并不是在科学中提出的,而是在科幻文学中出现的。当时许多科幻作家都在其作品中使用了这样一个情节:一个人沉浸在技术创造的现实中,无法将真实现实与虚拟现实区分开来。最后一个先决条件是一系列心理学和工程学研究的不断发展,包括分析人类在各种技术系统和环境中对现象的感知,以及创造人工条件。这些条件必须可以在控制论和其他技术设备中复制,以便创造真实现实事件的幻象。

20世纪70年代中期,获得上述先决条件后,人们开始产生通过技术创造虚拟现实的想法,提出了创造一个特殊的技术环境(VR系统)的任务。在这个环境中,人们不仅可以将虚拟事件视为真实事件并采取行动,而且如果出现了人的行为,虚拟图像的变化将与正常情况下真实图像的变化一样。相应地,实现创造虚拟现实的想法,需要解决一些特殊的新任务:描述人类在人工条件下的行为模式和"逻辑",分析由此产生的、不断变化的感知和其他感受,以及它们的变化,一方面受"情节"发展的影响(即模拟现实中事件的发生),另一方面受人类自身行为的影响:开发和设计技术设备,以便创造所有相关的条件,确保所提出的过程可以正常进行。如果在此之前,现代技术没有达到一定的发展水平,就不会出现这些工艺解决方案,例如创造小型显示器技术、信息传输技术、监控情况改变时参数变化的技术,以及创建一定级别的计算机程序等技术。如果没有这些技术支持,就不可能产生创造虚拟现实的设想。

换句话说,创造虚拟现实的想法正是出现在"近现代工艺发展区域"内。对于某些创新来说,只有当工艺条件处在这一区间,且工艺发展水平达到相应程度时,才可以在现有工艺框架内实现这些创新。虽然虚拟现实的设想在20世纪60年代初就出现在科幻文学中,但从当时工艺发展水平来看,虚拟现实是无法被创造出来的。也就是说,这种设想出现在近现代工艺发展区域之外。20世纪70年代中期到80年代初期,情况发生了变化,其标志之一是,这种创新已经出现在近现代工艺发展区间内,实现了至少两种工艺解决方案的相关任务。例如,在虚拟现实工艺的框架内,目前用户手套有两种不同的解决方案:一种是基于传感器,使用玻璃纤维电缆进行信息传输;另一种是用导电油墨代替昂贵的玻璃纤维电缆,将其安装在专用的塑料基材(聚酯薄膜)上。我们还要注意到这样一个事实,即近现代工艺发展的范畴不仅包括狭义的工艺技术条件,还包括社会制度、人类价值观,以及符号学和智力先决条件等工艺条件。比如,在上述例子中,这种工艺条件指的是科幻文学及控制学。

不难想象,大型社会技术项目的理念也是在近现代工艺发展的范围内形成的。苏联当时已成为民族大国,可以为国防和战争投入大量资源,而且自然科学、有效的工程、设计,以及其他一些方面都有了一定的发展,特别是在第二次世界大战期间,这些领域的研究和发展得到了进一步刺激。如果没有上面这些条件,那么制造原子弹和建立现代工业也就无从谈起。[115]

可以假设,现在全球工艺也进入了近现代工艺发展区间,因为所有条件都已经得到发展,包括新型生产、技术知识、资源和基础设施保障等。所有这些都促使人类在这些领域不断取得真正的突破,并加快了整体发展进程。

## 技术自然的形成

如果你问一个物理学家,在实现核反应堆或铺设输电线的过程中需要遵循哪些规律,他会自信地回答,是第一自然的普遍规律。但是,我们不禁要问,如果没有核反应堆和输电线,这些自然过程是否可以运行?反过来思考,如果没有科学研究、工程技术、相关工业部门,以及经过专业培养的专家等,这些技术构成能否被成功创建?对于物理学家而言,所有这些形式和机构都只是他工作的条件。但正是这些条件使得这些过程有可能不再按照第一自然规律运行。例如,若没有采矿设备,铀矿便无法开采出足够的数量;没有特殊的工业加工和离心机,便不可能把铀从混杂的矿物中提纯出来;没有核反应堆,纯铀本身也不能产生可控的裂变反应。同样,就这项工作本身而言,没有发电机和导体等,电子技术也不能形成电流;没有变压器和输电线,电流也不可能长距离输送。在这一切的背后,是工业发展和受专业培养的专家,而他们背后则是社会机构(管理和教育机构)、政治决策、议会和政权的行为。正是这种复杂的社会现实使得相关设计和实现核反应、输电线路成为可能,在此基础上,才使得遵循第一自然规律运行的自然过程,也可以按照社会文化域的技术规律来运行。这一自然结合了两种不同的起源(真实自然和社会自然),完全有理由被称为"技术自然"。它包括许多当代的现实,如化学过程、电气工程、飞机和火箭的运行过程、互联网、移动通信，以及现代技术和工艺中的各种其他过程。独立的技术自然构成看起来是自相矛盾的：它既是自然构成物，也是人工产物。而与此同时，它也不同于物理实验中发生的自然过程。最终，我们得到了一种特殊的"自然-人工"构成物。例如，在真空中坠落的物体似乎与核反应堆中发生的裂变过程没有什么不同，但坠落的物体不是由人创造的，而是自然现象；工程师在技术设备的帮助下只是改变了影响它坠落的条件。而我们在核反应堆或电流中发现的这些过程，在自然界中是找不到的，它们是由人类精确设计和创造的过程。如果我们考虑到这种创造的前提是一个复杂的社会组织，没有这些组织，创造就永远不会发生，那么我们就需要引入"技术自然"这个概念。

为了更好地了解技术自然是如何形成的，下面来研究一下俄罗斯优秀物理学家西莫年科（О. Симоненко）关于电气工程改造的故事。

电似乎是一种自然现象，因为静电、闪电或星球中的电力过程一直都存在，它的出现与人类无关。但这一切都不是真正意义上的电力。只有当这些自然现象成为研究对象时，电力才可能成为一种人工制品和技术，电源、电流和能量的发射器、电气机械和设备陆续被创造出来。而创造它们的前提条件是要学会计算和预测电力现象，从而实现对它们的控制。

电力应用也是最早的现代工艺活动之一。包括技术在内，如上所述，"广义的工艺"是由社会文化因素来决定的，包括文化状况、科学和生产的发展、旨在发展这些领域和福利的社会努力等，而且在"近现代工艺发展区间"形成了创造新技术的必要条件，从而也形成了新的工艺。[116] 发电厂、电力传输系统、控制系统、专家培训、销售市场、研究和设计机构，以及电力、机械和机器的生产，最后还有促进所有这些知识和实践领域优化和发展的活动，如果没有这些条件，电力不可能成为一项现代技术。

电对于现代技术文明的形成产生了无可比拟的影响,它改变了人类的生活条件。我们只要想一想,所有现代发动机(包括内燃机和喷气机)、信息传输的所有工具,以及大部分光源,包括电路和组件,就足以说明这一点。正是在电力工程技术的基础上,现代人极大地拓展了自己的能力,包括在移动、力量、视物、工作等方面的能力。当今天人们提出技术对人类身体可能产生的影响这个问题时,他们并不明白这是一个长期的既定事实:与其说现代人是一个区域性的生物学主体和有机体,不如说其是在一个创造了自己生活和发展的"人造蜘蛛网"(基础设施和技术)上的生物体。依附在电气基础设施上的人类,不仅对它产生了深深的依赖,而且也因之而让自身变得无比强大。

在电力应用发展的过程中,电学作为一种工艺经历了两个阶段:第一阶段,19世纪末到20世纪初,其特点是在开发和创建单体电机设备时主要使用的是工程学方法;第二阶段,随着工程和工艺研究方法的结合,电机设备实现大规模生产,复杂的电力系统应运而生。而目前,可以说我们已进入了第三阶段,即在创建电力设备和系统时,工艺方法的使用占绝对主导地位,信息领域(电视、机器人、互联网、虚拟系统)的研究发挥了重要作用。接下来,让我们深入研究一下第一阶段,即电力工程技术的形成时期。

西莫年科在《20世纪上半叶的电力技术学》一书中划分了电力工程形成的三个主要阶段:

> 第一阶段(1830—1870年),出现了电力技术发明活动。技术人员应用实验室的物理发现,通过经验(实验)寻找适合的建设性解决方案。物理知识是创造性工作的重要参考。
> 
> 第二阶段(1870—1890年),电力技术成为一个独立的技术领域。专门的电力工程学领域应运而生,与之相关联的是,社会上产生了了解专业电力知识的迫切需求。这一时期,人

们还制定了专业的研究方法和理论描述方式,这些方法成为研究电力设施的样板。

第三阶段(1890—1920年),电力工程技术扩展到工程和工业的所有分支。随着先进研究仪器的开发、子学科的建立和人才培养体系的建立,电力工程诞生了。[117]

西莫年科专门讨论了技术科学起源的普遍观点,认为它是"从自然科学中划分出来的"。他指出英国物理学家麦克斯韦(James Clerk Maxwell)的方程组虽然"为所有电磁问题提供了明确的解决方案",但它并不是为技术而创造的,而是为"电气科学领域的专家"创造的。[118]他在《20世纪上半叶电力技术学》一书中写道:"技术科学的特点是为确保它们的'服务功能',需要运用并具体化自然科学知识,但也并非仅限于此,还要创建专业的研究对象。"[119]

在第一阶段,严格来说,创建新电力设备任务的两个主要来源是:物理实验和直接完成的功能任务。例如,需要创建电源、导体、测量仪器等。"自1800年直流电源伏打电堆发明以来,物理学界开始积极研究电力和电磁现象。众所周知,研究人员在工作过程中经常被迫开发新的发明,以便为他们想要探索的新事物创造最有利的观察条件。19世纪20—30年代,科学家为了进行电磁实验研究而创造的客体结构,成为最初的研究对象。通过运用实验室设备的工程师和发明家,这些客体获得了特别的发展。发明家试图找到从科学实验中获得的这些结构的实际使用效果,研究它们,并最终使其成为技术客体,即技术设备。"[120]

现在来回顾一下上文所述的伽利略和惠更斯的工作:自然科学研究要求具有实验依据及技术方向,而这反过来则需要使用自然科学的规律和知识。与此同时,在进行实验时,科学家首先要将所研究的对象分为两部分——理想化的过程和使其畸变的因素,然后为了消除这些因素，必须要发明出新的技术装置。也就是说，自然科学研究需要发现并研究越来越多的相互关联的自然现象。但在创造一个新的技术设备时，通常需要发现和研究新的自然现象，因为工程师常常在搞清楚为什么新设备还不能工作的过程中发现，他们没有考虑到某些过程及某些影响因素。换句话说，"自然科学研究-创建技术装置"的倾向成为揭示越来越多自然现象的动力；反过来，工程师的研究也成为新技术思想的来源，这一倾向也是产生新技术的动力。在自然科学中确定的现象和规律成为工程领域中新技术思想的来源，这些思想的实现又与创造新的技术装置紧密相关。因此，在电力工程发展的第一阶段，发现新自然现象并催生新技术思想的一种特殊的"发电机"已经开始运行了。

1870年以后，已经建立起来的但尚显落后的电气工程实践，开始对科学支持提出新的要求，因为在此之前，"通过反复试验的方法创建了满足技术经济需求的发电机，这些发电机显示出很好的应用前景，如照明、电化学、动力传输。"[121] 在1891年的"电力工程技术大会"上，著名物理学家杜布瓦-雷蒙(Du Bois-Reymond)说："十年前，当神奇的电力所激发的研究热情消退时，技术人员开始梳理细节，并开始尝试设计适合的直流发电机和电动机。在这里，蒸汽机的发展历史开始重现。电力工程师需要创建一个新的理论，因为在关于电磁学的众多文献中，没有找到任何可用的理论。随后，他们通过仔细搜索并确认可以找到已知的、所需要的一切信息：在麦克斯韦、威廉·汤姆森、迈克尔·法拉第，乃至莱昂哈德·欧拉的研究中都获得了许多启发。不管怎样，虽然技术人员在科学中未获得直接帮助，但是他们实现了成功的自助。"[122]

杜布瓦-雷蒙所说的有一部分是正确的：在这一阶段创建电气设备时，工程师确实没有找到可用的现有理论，但是他们也没有按照传统的方式研究，而是开始反复进行试验。此时，自然科学已取得了更多进展，例如，人们认识到了自然的统一性，发现了守恒定律。在媒介方面，人们创造了发现新技术效果的可能性,因而开始提出新的技术任务,如将电力过程转化为运动、工作、热能、光能、化学能,反之亦然,将工作转化为电力。早在19世纪50年代初,法拉第(Michael Faraday)就认为:"磁性作用于所有物体,与此密切相关的有电、热、化学作用、光、结晶,以及通过结晶与附着力产生的关联。在这种背景下,我们迫切希望继续我们的工作,将磁力与重力关联起来。"[123] 俄罗斯著名物理史学家罗森伯格(Ф. А. Розенберг)在描述这个阶段时,提出了类似的想法:"从微小现象以及一些完全超出其他物理力的作用范围的特殊现象开始,电在其发展中不仅逐渐接近现代技术,而且在所有物理力中,它也是最具有转化能力的,从而成为统一所有自然力的主要支柱。这种情况在现代,一方面使研究者试图在理论上实现反向工作,并把电力与其他物理力集中到一个总的、统一的基础上;而另一方面也产生了一种需求,即在技术上通过电来实现力的所有需要的转化和传输。"[124]

在这一阶段,电力设备的设计是在工程活动的框架内进行的,这意味着必须使用物理学知识,如果没有相关知识,电力工程师就会变成研究人员,通过研究来填补理论空白。此外,有些正在发明或已经发明的技术设备中的一些非纯粹自然过程,也必须进行研究。1882年,德国著名的电气工程师西门子(Wilhelm Siemens)这样写道:"我们快速取得的现代成果既要归功于解决实际问题的科学家,也要归功于将自己的时间贡献给实践工作的纯科研工作者,因为两者都属于征服自然的先锋队。"[125] 在这里要注意,这一时期的电力工程技术仍然是按F. 培根的思想解读的,即作为"征服自然"的个别例子。

在这一时期,(发电机)电力工程技术理论是如何创建的呢?我们来看看杰出的英国电气工程师约翰·霍普金斯(J. Hopkins)的研究。首先,为了获得设计和计算的知识,他通过测量发电机的参数来建立实验规则;然后,他借用麦克斯韦的研究,从理论上描述了自己所建立的规则。与此同时,约翰·霍普金斯创造了专业的电路,它可以被认为是电力工程技术特有的理想对象,例如,"发电机的磁化曲线"和"闭合磁路的原理"。西蒙年科认为,"约翰·霍普金斯最早明确制定了工程研究方法,并描述通用设计选项和发电机运行模式,很显然,研究所有可能的组合是根本不可能实现的,这项工作应该按照一定的体系来进行。"约翰·霍普金斯指出,任意一台发电机的主要特征都是"机器的磁化曲线",他成功地解决了这个问题,并提出了一种实验方法。

然而,约翰·霍普金斯并没有就此止步,他的研究更进一步,并提出了一个任务,即确定特征曲线的理论定义。1866 年,他与兄弟 E. 霍普金斯(E. Hopkinson)共同提出了电力工作的重要目标,旨在"说明构建该结构特点的发电机的方法(该方法基于电磁学的一般规律和金属的已知特性),并将获得的理论曲线与同一机器的实验曲线进行比较"。在这项工作中,他们基于麦克斯韦建立的用数学方法表达的闭合磁流特性,深入研究了适用于发电机理论的闭合磁铁电路原理,从而掌握了技术装置中电磁过程的物理特性。他们开始寻找任意结构的发电机的闭合磁流路径,从而划分出与电路相连的机器的磁路。基于这个电力工程基础理论,他们很快就开发出发电机和其他电力设备的具体设计方法。[126]

德国物理学家马塞尔·德普勒(M. Despres)、赫伯特·弗罗里奇(O. Froelich)和其他电力工程师的工作都是建立在约翰·霍普金斯研究的基础上,他们在约翰·霍普金斯的方法中增加了"图表方法"(即在不同结构发电机中建构物理和技术参数的关系曲线),以及基于"磁力线和电流线"概念的"物理方法"。

这里,每一种方法取得的成果都促进了描述发电机的专业语言的形成及其理论的充分发展。19 世纪 90 年代,这些因素已被集成在发电机的设计方法中。在逻辑认识论方面,研究者创建了理想化研究对象——"理想机器",用以揭示真实机器的操作原理,电气工程师充分掌握了这种构成的功能。1889年,英国电气工程师G.卡普(G. Kapp)认为,通过理想机器研究能量转移的情况,"不仅是因为所获得的公式能直接适用于实际情况,而且是因为它们构成了其他服务于实践目的、经过适当变化的公式的基础"[127]。

实际上,前文已经谈到了一些电气发明如何带来另一些发明:电源的发明导致了导线的发明,电流发生器和发电机的发明使得电灯和电化学的出现成为可能,这些发展又产生了发明测量电流和电压设备的需求,等等。"直到19世纪80年代末,创建中央发电厂的唯一目的仍是提供电力照明。当电厂只承担照明工作时,输送给用户的电能可以仅用电灯照明的数量来计算。但是,由于对技术和经济的适用性的要求,以及全天候使用其产生电能所带来更多收益的需求,这些中心电站正逐渐成为给电动机输送电能的电力分配站,电能还用于电冶金等工业生产,电站的建设者及组织者开始试图利用电流的所有应用方式。随着这类电站新业务不断涌现,对能够测量各种设备中输送的电能的仪器的需求也随之产生。"[128]

直流电和交流电设备的竞争同样是一个典型的案例。在这场竞赛中,众所周知,虽然交流电机最终赢得了胜利,但同时也促进了远距离电能传输系统的开发。西莫年科认为:"在强电流技术发展的早期,除极少数情况外,照明通常使用直流电。这是基于一个现实情况,即直流电是可以直接使用的。首先,蓄电池组作为'缓冲器',能够均衡在站的载荷波动;其次,使用直流发电机,是因为当时实际上没有适用的交流发电机。但随着电力照明载荷的增加,直流配电网络不断扩展和增加分线,直流系统的应用缺点和基本限制就凸显出来了。这些缺点包括:从经济上考虑,为避免电线过热,要使用大直径的配电网电线,而这实际上导致了企业无利可图;使用蓄电池组成本过高,并且效率比较低,仅为75%,非常难以操控。限制直流发电站容量增长和服务半径扩张的主要原因是,白炽灯供电的配电网中的电压过低,以及集热器圆周上易发生伏弧现象,这又提高了对机器绝缘性的要求等。

发展电能远距离传输技术的决定性因素,即在1891年创建异步电动机之前,变压器的发明确保了交流电相对直流电而言的优势。1885—1890年,在交流电拥护者的努力下,创造了工业型变压器,研发了它们的开关电路,并制成了交流电装置,这些装置可以把电网或输电线的高压电转换成低压电输送给用户。

1891年,由塞巴斯蒂安·费朗蒂(S. Ferranti)设计和完成的德普福德(Depford)发电厂启动建设,拟向伦敦电网输送10 000伏电。当时,这是一个轰动事件,因为高于2000伏的电压被认为是非常危险的,可能会威及生命。

1910年年初,电力系统诞生了,电力传输线把发电站连接成统一的体系,电力生产和传输中电压的增加是因为电力线中的电压越大,可以远距离传输的功率就越大,即发电厂的供电半径就越大。[129]

很显然,这里所描述的"用电来发电"的过程实际上受限于诸多因素:"电力现象的研究,新电力产品的创造、电力应用领域的扩大、电能消费领域的形成及迅速扩大,以及国家政策的干涉等。到了1920年,供电及电力输送系统获得了"世界范围的社会经济意义,欧洲的所有国家和美国都开始努力将电力传输的业务纳入国家管控,国家开始对这个强大的新经济领域实施管制。"[130]

自20世纪下半叶以来,形成了关于电的广泛消费领域。电力产品开始大规模生产,开始实行设计、使用及生产标准化的系统条件,能源供应也出现了不足,在这一系列条件下,电力技术群(technocenosis)逐渐形成,即特殊的电力产品种群,其发展类似于生物的群落(详见库德林派的研究)。在电力技术群的框架下,根据技术学规律,利用电的同时又生产出了电。然而,社会经济条件出现的变化也有可能会破坏技术群落的继续发展,技术产品不再像群落一样发展,并由此产生一定的不良后果。

如果我们考虑到社会环境是一种特殊的社会生活形式,个体文化类似于有机体,它们是具有生命支持的子系统(即经济领域和各种社会机构),以及意识和基因密码(即指号过程和世界图景,教育和文化)[131],那么除"技术群落"的概念之外,还必须引入社会环境的"技术源"(technogenic basis)概念。因此,各种基础设施和网络,特别是电力网络,发挥了这样的作用。正如血液和神经系统是生物体的有机子系统一样,技术源基础也是社会环境的有机基础。关于这一点,19世纪末技术哲学的开创者G.卡普已经做过一些研究。

但这也意味着,与其说电遵循的是第二自然规律,即技术规律,不如说它同时也服从第三自然规律,即电不仅是一种技术和工艺现象,而且是一种社会现象。技术学虽然也试图从这方面来详细研究电能,但似乎还不够彻底,还应该考虑到,决定技术群落性质的技术文件和工艺条件同时也受到社会文化因素的制约。因此,技术和工艺在很大程度上是根据社会规律发展的。将技术和工艺作为一种社会现象加以研究,应该成为我们这个世纪的主要研究任务。

电力工程的创建表明,它的主要研究对象不仅是电力过程,还包括与电力设备运行及管控相关的所有现象,如开关、负荷分配等。它是一种人工-自然现象。

西莫年科说:"在电力技术装置进行配电操作时,工作条件会因元件的接通及闭合、载荷变化等因素发生变化,同时各种外界意外情况,如闪电雷击、电网及电线短路导致大气电产生,也会使输电线路上出现外来电荷。所有这些因素都会打破供电系统稳定的电力平衡,并由于其物理性质而产生特殊的现象,即瞬时状态。而当瞬时状态过程中发生的现象开始影响设备的运行时,首先要根据实验确定电力设备的稳态和瞬态操作模式之间的差异,然后从理论上对这种差异进行定义,之后通过实验确定瞬态的重要特征,如物理性质、持续时间、定量数据等,再选择相应的数学工具,并且在专门的等效替代方案中制定瞬态模式下电网和线路的图示方法。"[132]

20世纪初,电力科学和工业的快速发展促进了电力工程领域的形成,这一领域不仅涉及科学、工程和工业本身,而且还包括其他一些方面,如电力技术协会的建立,以及电力技术教育、通信和人类活动在这一领域中再生产和发展所必需的其他构成要素。西莫年科指出:"到了19世纪末,创建一个多分支的电力教育系统的任务已经提上日程。从事电力工程学科研究的人员被按照所学专业进行划分。"

从19世纪70年代末到80年代初,英国、法国、俄罗斯、德国几乎同时出现了专业的电工杂志。与此同时,早期的电力工程技术学会也相继出现:1879年,柏林电工协会成立;1880年,俄罗斯技术学会电工部成立;1884年,美国电气工程师协会成立,英国电报工程师协会更名为电传工程师及电工协会;等等。

19世纪,在电力工程学领域中,国际电气展览和电工大会是非常重要的交流渠道。第一次大会是在第一届国际电气展览会期间,于1881年在巴黎举行的。本次大会的召开被认为是团结所有从事电力应用实践及理论问题专家的最好方式;大会"为个人交往和思想交流提供了机会,跨越19世纪,建立了更紧密的个人联系,与此同时,科学也将拥有更强大的力量。"

从19世纪80年代初开始,高等教育机构体系开始创建,历经20年的发展,从选修课到专业部门和研究所的设立,现在这些部门和研究所,以及从20世纪初开始创建的工业研究实验室,都成为电气工程领域的科学研究中心。

与此同时，在电力工程作为一门技术科学的形成过程中，社会团体发挥了主导作用。首先，从现象学上看，电力工程技术科学的创建是群体活动的结果，包括相关知识的获取、审核及传播等活动；其次，群体活动的结果也促成了高等电工教育系统的创建，即电力工程技术科学的科目和科学电工技术群落扩展及再现的机制。[133]

 第四章

# 工艺化的特征

## 问题的提出

下面我们通过新型建筑工程项目的建造设计资料来研究一下这个问题。

2014年,俄罗斯建筑学理论与历史科学研究所完成了"在现代社会文化情况和发展趋势下,建立建筑设计对象类型学的原则"的研究,为现代新型城市生活条件制定了建筑工程项目的类型学概念。这表明,为了实现类型学具体化并有效实施,还需要进行两项工作:首先,要研究城市生活组织和公民生活活动的原则和特征,这通常是指社会分析和社会设计;其次,确定这些工作在建筑工程领域中实现的条件,这项工作可以纳入社会工艺化的过程,即建立新的类型学并确定其实施条件。

这里,还需要解释一下为什么要提出这个问题。讨论社会问题和工艺化概念,是为了建立一个建筑工程项目的现代化类型吗?事实上,表面看来,创建类型似乎是设计师(建筑师和相关技术人员)的工作。他们应该分析现有类型的不足,然后根据自己的专业经验和知识,制定符合现代要求的新类型。然而,一切并非如此简单,现代研究表明,设

计师背后是社会和权力主体,他们的指示、意志和命令指导了设计者的创新活动及行动。关于这个问题,俄罗斯建筑学家马克·梅耶罗维奇(Маrк Меерович)作了如下解释:

> 研究苏联的社会发展历史,似乎要回答一个问题:为什么按第一个五年计划建造的城市建筑及工人定居点的生活环境质量如此差?在回答这个问题前,我们应该先回答一些根本性问题,即关于建造低质量住房的城市规划的决策在何种程度上是偶然的,在多大程度上是合理的?在工人村到处建造简易的住房,是因为建筑材料短缺不得已的选择,还是国家住房政策的一贯体现?工业区住宅的缺点在多大程度上体现了当时的城市规划决策,又在多大程度上反映出政府的最高战略?在确定城市环境的建造及设计方案时,是什么成为主导,并在之后决定其实际实施的形式?城市规划、标准化等思想又是受到了哪些概念的影响?下面这些因素之间是如何相互协调的:
>
> (1) 从事城市社会设计的专家(建筑师、医务工作者、运输工作人员、工程师等)的专业观点,以及他们的知识和观念;
>
> (2) 国家政治考量;
>
> (3) 财政和经济的限制。
>
> 工人村的环境质量在多大程度上是建筑施工的产物,又在多大程度上是政治、组织和管理决策的结果?[134]

梅耶罗维奇在后续研究中再次指出,答案恰恰是第二种选择。[135]一般来说,政府的指令直接关系到建筑和城市建设方案的决定,国家政治考虑和经济限制具有间接关系。这一观点虽然早已为人所知,但是关于这个问题的严谨的科学分析仍需天才的科学家来实现突破,也许我们完全有理由相信,梅耶罗维奇可以承担这个重任。他在其另一部著作《俄罗斯分散迁居理论——今天及100年前》中指出,苏联(俄罗斯)城市建筑工程理念的发展,可以划分为四个主要阶段:革命前的花园城市建造理念;20世纪20—70年代的工人村建设理念;20世纪70—90年代苏联制定的居民迁移总体方案;以及当前发展阶段中改善聚居区的思想。[136]几乎在所有阶段,政府指令与城市建设的关系一直都存在,特别是在俄罗斯的前两个阶段,最糟糕的情况下是由国家和政府直接制定标准并进行管理的。[137]正是在这种关系和实践的框架内,城市建设和建筑对象的类型学被创造出来,而且一直沿用至今。

"社会主义城市新建工程中形成的公务住宅类型,是下面几种情况导致的结果:一方面,这是实行把国家变成一个单一的、强制劳动的集中营这一理论必然会导致的结果;另一方面,这是一些主管部门通过生产企业和机构限制给住房建设单位划拨资金的结果;此外,这是'红色负责人'承担委托给他们的国家生产链区段个人责任的结果,在这一生产链区段中,从政府那里获得个人住房是将人们绑定到工作地点,并对他们的工作行为进行管理的主要手段。"[138]建立苏联城市规划的主要要求之一是要设计分级差异结构。在"二战"前期,这一结构是:居住群——街区——地区;而战后时期的结构是:社区——住宅区——规划区。这种结构的变化意味着实行了一项未公开宣布的任务,即确保可以组织居民进行劳动和军事动员,并在国家管控下,通过在定居区域内对其施加影响来限制居民的某些行为,包括借助城市建设"杠杆"。布尔什维克不知道如何管理分散的群众,因此把人口集中在城市类定居点,即"无产阶级的"居住点,主要是由于这里有重要工业项目,这也是苏联分散迁居理论的基础。

如此看来,这种垂直分级的城市空间组织模式,体现了苏联社会政党及国家的等级制度,实现了对社会和文化服务对象的安置。严格来说,社会文化和生活服务的多层级系统是在苏联城市建设理论的框架内专门设计出来的,旨在通过有计划地满足居民需求的项目,来填补城市环境地域规划的空白。随着工业规划的实现,资本主义城市固有的自我调控过程被彻底摒弃,包括小型服务公司,以及商业网络、体育、休闲娱乐等。实行公共服务制度,实际上是填补城市生活在这一方面空白的唯一可行途径。[139]

## 工艺化过程的特点

应该尽快解释笔者所理解的"工艺化"(технология)概念。如果说工艺提出了规定不同用途及复杂程度产品的工业生产的标准条件,那么首先涉及的应是基本操作和基本条件。如果是物理条件,那么要对工艺化过程进行分析,首先要描述新工艺的形成和构成;其次要描述已经建立的工艺,实现确保社会工艺化过程和正常运行的社会条件。通常,第二点要么完全被忽视,要么只是略被提及,尚未有人对其进行分析。而在改革和社会转型期间,为新工艺创造必要的社会条件应被视为首要任务。以下通过几个例子来说明这一点。

第一个例子是苏联在工业化时期的工厂建造。斯大林认为,苏联被敌人包围,必须在工业发展尚不完善的情况下开展备战工作。他向布尔什维克下达了一个任务,要求其尽快地且不惜任何代价地建立起强大的国防力量。为此,政府一方面组织筹款活动,如在国外销售文化资产,进行粮食贸易,剥夺教会财产等;另一方面在研究美国的工厂设计和建造经验后,花费巨额资金(超过 2 亿美元)聘请阿尔伯特·卡恩(Albert Kann)的公司来设计和建设两用工厂。这些工厂既可用于备战,也可以生产民用产品,当然,美国建筑商并没有被告知这一点。[142]在分析这种双重目的时,马克·梅耶罗维奇写出以下内容:

多年来,解密的历史资料表明,苏联一开始就计划在哈尔科夫机车厂生产BT坦克(克里斯蒂型),在列宁格勒伏罗希洛夫工厂以及"布尔什维克"工厂(红色布吉洛夫工厂参与其中)生产T-26坦克(维克斯型),在莫斯科全苏汽车拖拉机工业联合公司2厂和下诺夫哥罗德高尔基汽车厂生产超轻型坦克,在伏尔加格勒"布尔什维克"拖拉机厂生产小型坦克,在车里雅宾斯克拖拉机厂、哈尔科夫共产国际蒸汽机车制造厂、伊若尔斯克主厂、航空工业企业、哈尔科夫拖拉机厂生产中型坦克,在乌拉尔的一些挖掘机厂及伏罗希洛夫"布尔什维克"147厂生产重型坦克,在雅拉斯拉夫汽车制造厂、莫斯科汽车制造厂生产掩护坦克。

这些工厂在最初的设计阶段,大多就被定位为军用工厂,尽管民用部分被混入其中,但它们更多的是作为伪装和附带成分。在苏联的第一个五年计划期间,其所创建的"同化的军事-民用生产"系统(严格来说,它应被称为"工业化"),至今仍然是国家历史文献中未曾公开的内容。设计人员竭尽全力地在最短的时间内,在同一计划中,将两种截然不同的生产工艺相结合,并在统一的空间结构中,管理调配不同数量的各类人员(包括普通人员和涉密人员),以及管理调度各种货物(民用和军用)的转运。他们既要解决公共问题,还要确保"军事"与"民用"部分的隔离。我们现在来分析这些特殊的经验,不仅仅引起了学术界历史研究者的兴趣,而且也具有重要的教学意义。[143]

卡恩公司的工厂设计和建造工艺全部是标准化和简易化的,摆脱了当时占主导地位的工程解决方案对工艺和建筑解决方案的依赖。梅耶罗维奇指出,卡恩只对一件事感兴趣,那就是如何使一个项目更快、更好地完成,且成本更低。在工程设计组织方面,卡恩是一个发明天才。革命前的俄罗斯工业设计是基于工艺的优先级,主要决定了建筑物的尺寸和高度、支撑柱的间距、工厂区域内的车间位置、运输路线敷设等。正是这一工艺扩展了建筑工程的表现形式。在20世纪20—30年代的苏联,工业建筑的工程参数没有统一的首选标准,建筑物的各个部分缺少模块化匹配。根据金属或混凝土结构的承载力,每次都以新的方式选择支撑框架的间距。它可能是4.5米,也可能是5.0米、5.2米、5.5米等。设计方案是随机的、非系统化的。

卡恩提出了一个完全不同的方法——不是从工艺到建筑形式,而是从多用途空间到工艺的分配。他采用标准零件创建一个通用的建筑空间的方法,可以适用于任何生产过程,并且几乎不会出现问题。

这个方法的特点是建立一个车间内部空间,在钢筋混凝土或金属柱上使用标准的大型间隔网格,这些网格的跨度通常为12米×12米或15米×15米,以及3米倍数的同类间隔。这里的一切尺寸都是标准化的,如窗户、灯、房间门、大门、排水管、淋浴房、起重机桁架、横梁、柱子、地基座等。所有这些都不是根据每个项目来绘制、计算和制造的,而是按某些标准尺寸进行批量的工业生产。通过使用一系列成品配件,减少了对详细工作图纸的需求。这些配件只需根据规格选择并组合,即可建造出具体的车间项目,而且这些项目可以根据标准方案进行复制,进而装配出整个工厂。这在很大程度上节省了建造时间。立视图是程式化的,它描绘的不是外观,而是如何在外墙上"排列"标准构件——窗户、门框、门板、大门等。分布、组装、安装的图纸可以很快用铅笔绘制完成,并用复印机进行复制。在挖掘地基的同时完成并审核图纸,通过电话订购建筑构件并在开工前直接交付。美国人节省的不是钢材和混凝土的消耗,而是降低了所有类型工作的复杂性,同时也加快了安装进度。无论这一切是卡恩的个人发明,还是他只是总结了之前的工作经验,将其归纳入统一的原则,这都不重要。重要的是,当时苏联还没有这种工作模式。[144]

苏联是如何掌握这项工艺的呢？现在我们来分析这一工艺化过程。首先，组织学习，通过参观美国人设计和建造的厂房和建筑工地，数千名苏联专家的任务就是学会美国设计师和建筑商所掌握的一切。其次，创建各种研究所（设计、工程建筑，甚至管理领域的研究所[145]），在这些研究所中，美国的经验被复制并调整以适应苏联的条件；随着学习工作的完成，苏联已经完全不再需要卡恩公司的帮助。最后，提出了新型设计和施工所必需的新的建造方法。

苏联国家建筑设计联合公司隶属于最高国民经济委员会，总设计师阿纳托利·斯捷潘诺维奇（Анатопнй Степанович）曾主持将美国工业企业流水线和输送机设计经验推广到苏联本土的工作，并使其适应苏联国内设计工作的条件和建筑生产的特殊性。直接"仿造"美国的设计和活动、直接复制美国模式是不可取的，因为项目活动的工作条件、技术支持，以及设计理念本身、建筑工业基础情况、项目各专业部门之间的合作性质、执行者的专业水平等因素都是完全不同的。"锚定"美国工艺是一项超级复杂且特殊的工作，因为它是在设计实践的过程中不断发展起来的。

在正在建立的国家建筑设计体系中，主持这项工作的年轻领导人意外获得了结构主义方法论及其思维方式的帮助。最高国民经济委员会当局精明地从设计院研究人员中挑选出研究该方向的建筑师。正是通过第一个五年计划的工业设计，结构主义的基本原理最终渗入该行业的集体潜意识中，随后形成了"苏联功能主义"。在这一时期，生产的定额、规格及标准的体系也随之建立并确定下来。

通过斯捷潘诺维奇的努力，苏联引进了一批又一批的新专家，他们有些是毕业后直接被派往国家建筑设计联合公司的，还有一些是从其他设计项目组织中选调的。根据培训结果，他们被安排到隶属于最高国民经济委员会的其他项目机构,这些机构实行的是最先进的项目过程组织原则,创建了大规模设计工作系统。顺便说一句,卡恩很可能并不知道公司分配给他的额外的"教学任务"。对于国家建筑设计联合公司的干部不断流动的情况,他感到很无奈——新换来的苏联工作人员往往工作时间不长,几乎还没有积累足够的经验,就又换上了另一些没有经验和专业技能的人;总是在招聘大学生来工作,即使是具备一定能力的人,也因没有经验而什么也不会做……他认为这样的做法是很不专业的。这其实是为了让尽可能多的专家通过流动输送方式接受关于设计工作的培训。作为人才队伍建设负责人的斯捷潘诺维奇非常清楚国民经济对设计领域人才的迫切需求。[146]

从这个例子可以看出,在这种情况下,工艺化的必要条件是已经创造的工艺(标准设计),但这个工艺应该在工艺化过程中被进一步明确,并适应现有的社会条件。另外,工艺化的目的是解决具有很多种类过程的大规模任务。在制订计划时,经济、质量和时间等因素至关重要。工艺化还有一个特点,即需要对专家(包括设计师、建筑商、组织者和管理者)进行培训。[147]

工艺化还意味着要为已经掌握工艺的再生产创造条件,包括创建新机构、营造思想氛围、获得科学支持。[148]

第二个例子是单一城镇(工人村)的建立。这里的工艺与前一个例子不同,它是在工艺化过程中建立起来的。在这种情况下,工艺化的过程是由社会任务启动的,这一情况已在前一个案例中进行了部分讨论(如为了抵御敌人,必须要创建工业)。梅耶罗维奇在他最近出版的几本书中提出了以下观点:

20世纪20年代末,通过实行新经济政策,国家经济得到了改善。党和政府开始实施与革命前不同的经济策略,设立新目标,扩大在苏联领土的空旷和边缘地带开采自然资源的规模,并组织矿产的初级加工,从而形成新的工业区。这些工业区不仅成为集中无产阶级的核心,也成为周围广阔领土的行政管理中心。而要做到这一点,必须要有足够数量的人来填满这些地方。作为国家发展的引擎,重工业而非农业被置于首位,为此,有意识地使用强制措施而非激励的方法。

第一个五年计划的新建设项目是"军事-民用生产",其中军事和民用产品将按不同比例同时生产。这些企业形成了一个统一的、集中管理的全国性技术互联工业生产网络,形成了完整的生产链。它们的布局体现了以下理念:重工业和能源生产大量向乌拉尔地区、西伯利亚和远东转移,这些地区是当时潜在对手的飞机实际上无法抵达的地方。那里还有大量的森林、水资源和矿藏。因此,开始向那里延伸交通干线,派遣劳动特遣队。[149]

当然,工业企业的运转确实需要各种人员和专家。通常在已经形成的城市中,企业招聘的是普通公民。但是在上述情况下,既没有城市,也没有无产阶级,两者都需要重新建立。

对于正在创建的工业来说,劳动力资源的主要潜在来源是农民。但为了将农民人口转变为工业劳动人员,必须首先使其脱离土地(这项任务通过集体改造计划解决),将其转移到现有的、有一定发展的工业城市(这项任务由移民政策解决),使他们进入"劳动-生活"集体,并进行"无产化"(这项任务依靠工业及社会文化政策来实现)。然后,以统一的组织和控制形式,再将他们迁移到新建军事工业综合体项目的地方。该综合体被认为是发展整个民用生产的引擎。[150]

关于创建工艺化进程所必需的条件,笔者总结了以下几点:为了实现标准化和可操作性,在演变过程中已经发展起来的进程(生产和生活活动)必须分解成不同的部分和单位[151];还要确定并提出实现操作的条件;最后,为了节省和协调一切资源,还需要进行周密的计算。

因此,梅耶罗维奇认为,新的工业城市通常建在空旷的地带,因此有必要事先进行预测、统计、组织,并有计划地将材料、设备、工具、机械、燃料、产品和资金输送到工地,事实上,建造初期所需要的一切几乎都是后续城市内的生活需要。而且,最重要的是,必须为这些新定居点提供所需要的劳动力。少了也不行,多了也不行,只需提供实际需要的数量就可以。这样,就出现了一个计算的任务,即计算定居点"需要"多少居民。

根据社会迁移的相关要求,在苏联的社会主义经济中根本不应该存在未经授权的人口自发流动的自然过程,在苏联大部分领土上,气候条件都很恶劣,这种迁移很容易使国家出现大量无人区,而且不可能出现"劳动力过剩"的情况。在国家工业开发区,都会出现工人极其缺乏的情况,而在任何其他地区也不可能出现哪怕少量的失业现象。

按照相关规定,工人村人口的计算,完全根据城市规划和企业对劳动力资源的需求来确定。城市居民数量的计算,原则是在生产和公共生活服务中充分使用所有具有劳动能力的劳动资源。

根据社会迁移的理念所构建的理论和意识形态,其先决条件是非常清楚和明确的——在普遍就业的条件下,工人的妻子应该与其丈夫在同一企业工作,或者在相关服务领域就业。

因此,关于新型居民点工人村的计算标准和指标要依据上述原则。在居民点,除了在这里工作的人员,不会有其他居民,即不包括任何原因导致的失业人员。

在第一个五年计划期间,在强制调配工人村居民的实践中,一切都严格按照这一原则来进行。甚至在20世纪30年代初,苏联中央执行委员会及人民委员会的系列决议以法律形式将这一原则正式确认下来。这些决议通过后，苏联政府开始解决"失业"问题。

例如，在设计计算居民人数时，还要考虑一种情况，即按要求，青少年在大学或工厂学习的同时，需定期参与生产或服务领域工作。这样做是为了进一步减少未来工人村的核算人口，以便尽量节省建设定居点所需资源。

1930年，在确定工人村居民数量的程序中，所有劳动人口最终只归为两类：(1)城市建设企业的工作人员；(2)城市服务企业的工作人员(城市建设企业的工人家属)。最终，标准计算公式仅由两个指标组成：(1)用统一指数把工作居民(成年男性和女性、青年、少年)的数量列入计算公式，因为他们都被视为参与生产劳动；(2)非工作人数，包括幼儿、养老金领取者、残疾人。然后用公式 $\Sigma N = \alpha(N_1 + N_2)$ 对劳动人口进行家庭系数的简单核算，其中 $\Sigma N$ 是工人村的计划人口，$N_1$ 是城市建设企业的预估工人和雇员人数，$N_2$ 是服务企业的预估雇员人数，$\alpha$ 是"纯"家庭系数，只计算非工作年龄的儿童。

从第二个五年计划开始时，几乎一半的工作适龄妇女已经从事生产和服务业。计划到第二个五年计划结束时，将妇女的就业率提高到60%—62%，而未来妇女的就业率最终将达到100%。[152]

上述原则的贯彻和实施意味着单一城市规划结构以及在其中建造的住宅类型已经形成。与此同时，苏联领导层的总体指导政策的原则是，不允许普通人的生活在任何情况下出现无所事事的状态，人们应努力付出一切来建立国防工业，这导致公布的计划和实际实施的计划之间存在明显的不一致，梅耶罗维奇在书中举出了以下一些例子。

"形成了一种以工厂(工厂前广场)为轴心的复合规划图，居民社区(行政广场)位于中心"。笔直的主要交通干线呈放射性，从工厂通向城市主要广场，例如，在斯维尔德洛夫斯克州佩什马建造的乌拉尔铜电解厂(1935)的工人区规划图。

最优方案是城市的整个规划结构可以安排在统一轴心上:"工厂（工厂前广场）—居民社区（行政广场）—火车站或码头（车站广场）。"[153]

"工人村是一种城市建设系统,其中没有设计单独的个人住宅。按官方说法,这种情况在人类文明史上是第一次。事实上,当局迫于外界的压力,对新建工人村和现有城市外围的非法私建住宅视而不见,这些建筑是由那些试图用自己的双手为自己盖房子的居民自发建造的。"[154]

"在工人村的新建项目中,住宅的类型和数量几乎完全由当局政策决定,当局决定建造什么、在哪里建造、建造什么类型、装修水平如何,以及建造数量,等等。"根据这些决定来分配资金、开发项目、提供规定数量的建筑材料、工程设备和其他物资。

工人村新建设工程的住房类型应从两个方面加以考虑:(1)设计类型,即设计分配方案规定的建筑和结构类型;(2)实际类型,即由于各种综合原因,在居民新建设项目中实际建造的类型,有时与预期完全不符。[155]

梅耶罗维奇在"工人区"一节中,提出了大规模建造容纳3200人的小区规划的建议。它包含以下类型的住宅楼:(1)单元楼(家庭-房间形式的公共住房)——用于70%—80%的家庭;(2)宿舍(工人集体宿舍、工人临时工房、公用房等)——占居民的15%—20%(单身和未婚);(3)单独小住宅(高级舒适住房)——占居民的2%—5%。

不仅在整个第一个五年计划期间,而且实际上在整个战前时期,这类住房和居住在其中的人口比例在工人区和工人定居点的设计方案中一直保持不变,只是在所建的住房具体类型上有所不同。[156]

在设计中形成的住房类型与在工人村新建设工程中实际建造的住宅类型有着显著的差异。实际建成的住宅水平受建筑公司实际生活保障条件的影响。特别是当建筑师设想的理论观点被迫重新定位,通过竞争筛选出来的、从居民住房和社会化生活出发的城市设计变成真实的规划方案时,问题尤为突出。工人村新建设工程中生活空间严重不足,导致没有上下水管道和厨房。建筑师很难适应这种重新定位带来的职业心理变化,这种变化破坏了他们对未来城市的浪漫想法。然而,事情进行得很快——从全苏联范围内讨论社会迁移的问题到第一批工人村新建工程的开工,只过去了2—3年。[157]

20世纪20年代末到30年代初的工人村与20世纪20年代中期的工人定居点不同,这样一个社会层级划分并没有以任何方式被正式公开提出。它几乎从未在政策规定和方法论文献中被提及,也从未出现在专家意见或苏联建筑大师的回忆录中,而在这一时期的相关研究中也未被提及。它被小心翼翼地隐藏起来。虽然"高层领导住房"在随后的几年中引起了研究人员的注意,但是它仍被称为"工人住宅"。

此外,为领导人员和外国技术人员建立别墅类单独定居区,并没有列入官方工人村设计的纲要任务。在居住点的新建筑工程中必须要实现的计划只有一种住房——多户公寓。它形成了住房的标准结构,分为两类:(1)多户公寓楼,多为单元的、双排的和独栋的公寓楼,包括砖混结构、矿渣混凝土结构、木制拼接板结构、碎石结构及原木结构;(2)宿舍,棚屋式或公用式的房子。[158]

新建工人村的主要住房类型是临时性木板房。它们的设计以及之后的大规模建设都是出于造价便宜考虑的,因为必须要用现有的资源建造尽可能多的住宅。

苏联建筑学术界对于这种大规模的工人住宅视而不见,没有描述,没有研究,以至于这类住房被排除在20世纪20—30年代的建筑和城市规划,以及大规模住房类型学的标准系统之外。尽管在苏联城市规划的整个历史中,前几十年都与这种类型的住房建设紧密相关。

根据建造所用的建筑材料，木制工棚分为几种：（1）稻草（芦苇）棚；（2）帆布棚[159]；（3）板棚（木板、胶合板、拼接板）；（4）石材棚等[160]。

为马格尼戈尔斯克工人村设计的大部分住房都是有厨房、浴室和卫生间的。然而实际上，当它们投入使用时，却没有浴室、厕所和厨房，有的甚至连隔断都没有。结果，当人们从临时帐篷和板棚搬迁到营地住房时，将在工棚的生活方式也同样复制过来了：阴暗的营房外墙露出了没有安装玻璃的窗户洞，房间内部的隔断也没有做好，没有暖气——人们只能等待散热器的到来。没有洗手间……生活用水需要徒手拎到3楼，在冬季，取暖问题比在营地房间还要困难得多，马格尼托哥尔斯克工人村石屋公寓的温度甚至降到了 − 36℃ — − 30℃。人们爬上木楼梯（独特的建筑附加结构），进入占据整个楼层的巨大的大厅。在这里，他们架起从营地带来的简易木床，安装上"临时小铁炉"，把烟囱伸到窗外，开始在这里生活。[161]

为了描述工艺化的过程，如前所述，重要的是要分析实现所形成工艺的社会条件。[162]梅耶罗维奇认为，其中一个条件是将后备工人（需要接受再教育和培训的农民和其他人）输送到工人村，并让他们扎根在当地。

与此同时，这些"所需要数量"的居民将如何输送到指定地方，以及通过什么措施使其一直留在当地而不会离开，这些问题无法纳入公式计算的范畴之内，这些任务是在其他部门通过强制移民政策来完成的，其基础是把其他地区多余的居民通过自愿和强制的方式调剂过来，从而实现劳动力资源的人为再分配，例如把他们"迁移到其他城市"。自第一个五年计划开始实施以来，接收"所需数量"的劳动力，主要通过以下几种方式：（1）强制迁移；（2）使用囚犯参与劳动；（3）公务派遣；（4）军令派遣；（5）利用年轻人自发的积极性等。[163]

当局试图尽其所能地避免自然迁移，而且积极鼓励劳动力资源向突击建设的工地上进行有目的的、人为计划的迁移。定居点变成了一个有效的机制,使人们自愿地或被迫地依附于就业地。1929 年,在斯大林的施压下通过了"加速工业化"计划,因此,在第一个五年计划期间,城市人口的增加超过了计划的 10 万人,实际增加人数达到了 13.9 万人。

这是一种强制性城市化,其建立的基础是人为地加速城市人口的增长,原因是乡村人口被强制输送到旧城市和新建工人村,大量劳动力资源从现有城市强行转移到工业开发新区。由于实施了分散迁移的政策,新建工人村的人口主要包括:(1)被迫脱离原有生活方式的农民;(2)被剥夺公民权、驱逐出原居地的人;(3)被排挤出现有城市的"社会性异己";(4)在原居住区附近长期居住的被拘留者,以及获释后无处可去的前特别移民和定居劳工;(5)被迫转变为定居生活方式的游牧民族;(6)签署工作合同的雇用工人;(7)被派遣到建筑工地的各级专家和管理人员等。[164]

工程定居点对生产的附属性及关联性通过工程基础设施的建造得以确定,其中定居点的生活保障系统的运行不是由市政公共事业负责(在工人村,它逐渐开始划分出来,并在很久后获得自主权),而是由构成该城市的大企业负责:"供水、污水处理、照明、燃气和消防等应该与工厂相关企业相关联……"[165]

新工人村工程中的基本建设除激励功能外,还完成了稳定专业人才的任务。与此同时,它也是这些人才社会地位的标志——象征性地确定住房基金及定居区域的等级结构。在第一个五年计划期间的工人村中,相比大规模的住宅建设,这种层级结构很大程度上更像是一个例外。因为国家借助执法机关实施严密的监督,建设工作的管理所遵循的原则,是最大限度地减少"非生产"费用——划拨的资金、物资及人力主要用于生产项目的建设,而不是用于建造大规模的、舒适(但耗费更多材料和工时）的住宅。[166]

但是，对于居民们自己的意见和审美期望，政府无动于衷。这体现在总体规划布局的绘制，住宅类型的开发，服务机构的配备——体育、文化、休闲等。归根结底，新建工人村的城市环境质量是国家住房、城市规划和定居等相关政策的直接衍生物，而这些政策并不取决于居民的意愿和需求。

苏联领导层制定的城市规划政策，并不是为了被迫投身到五年计划建设中的广大群众创建标准质量的生存环境。苏联最高领导层迫切关心的只是解决把劳动力资源安置并绑定到新建工地上的问题。工人村的基本建设变成了一个例外，它在更大程度上具有激励和宣传的意义，而不是追求给大部分居民提供相匹配的生活条件。

为了节省住房建设的经费，当局不断降低给设计师规定的每平方米住房成本的指标，迫使建筑师作出决定，所设计及建造的主要住房类型不得不以营房或代用住房为主。[167]

## 工艺化及工艺作为国家的社会体

在之前的研究中，笔者曾指出，技术（包括工艺）可以被视为人类、社会或国家的"社会体"。在这个角色中，技术扩展了其他三个相关主体的能力，使其能够解决之前不借助技术无法解决的问题。此外，作为一个社会体，技术也从根本上改变（改造）着这些主体，完全有理由把这些主体也当作一种技术的存在。下面，让我们从这个角度详细分析一些例子。

初步看来，苏联创建工厂以及开发设计类型的历史，似乎是一个成功建立苏维埃国家社会体的例子。因为上面所描述的工艺化过程不仅催生了550家工厂，而且在国内迅速建立起专业的设计类型和建筑工业体系。同时，苏联还建立了大量的单一工业或矿业城市。然而，纳粹战败,第三帝国不复存在,似乎证明了一个无效的社会体的消逝,但是,这件事情并没有那么简单。

事实上,纳粹国家是否真的失败了?如果算失败的话,那它是如何能在战争开始的第一年就征服了欧洲,并占领了苏联几乎整个欧洲部分的领土?而且,纳粹政权在德国社会几乎获得了一致的支持。[168]纳粹国家失败了,这是事实,因为希特勒既不曾考虑到对手的经济综合实力已超越了德国现有的能力,也没有预料到各国对德国军队的抵抗越来越强烈,更没有意识到纳粹思想的弱点和反人类性质。最终,他未能实现自己的计划,德国被击败,这就意味着纳粹社会有机体无法在与苏联和其他西方社会有机体的斗争中生存下来。

但是,苏联在很久之后也失败了,它似乎没有经受住与资本主义制度的竞争,在某些领域成了西方购买原材料和销售商品的市场。还有另一个重要情况:苏联对教会和富裕农民的财产进行了限制和重新分配,并基于此实现了国家工艺化,让他们生活在最低水平线上(按西方标准可以算作乞丐),还要其与人民的敌人进行斗争,国家在某种程度上滥用民力,甚至组织并使用囚禁的犯人不停地工作。俄罗斯历史学家尤利娅·拉蒂尼娜(Юлия Латынина)认为,上述原因导致苏联人民在第二次世界大战中遭受巨大损失。

获得政权后,布尔什维克从一开始就将苏联视为世界革命的战略基地,将其人民视为可消耗的资源。

1927年,斯大林最终放弃了早期布尔什维克计划通过一系列民族革命进行扩张苏联国土的美好愿望,开始将苏联变成一个巨大的工业车间,为一支企图征服整个世界的军队生产武器。

有一点需提醒大家注意,"当我们拥有整个地球时,布尔什维克的使命才算是完成"。苏联副国防人民委员会政委加马尔尼克(Гамарник)在1937年3月15日这样说过。斯大林没有完成这项任务。毕竟,整个世界都被绘制在苏联的徽章上,而苏联只获得了东欧部分。斯大林未出席胜利游行,这也可能是原因之一。

而且,事实上,这就是耗费民力问题的主要答案。就好像苏联人民是可以用来征服整个世界的。从布尔什维克和斯大林设定的目标来看,牺牲人民并不重要。最终苏联失去了2800万人,欧洲部分居民牺牲的更多。[169]

这一切该如何理解呢?正如马克斯·韦伯所写的那样,工艺化和工艺应作为社会整体的一部分,具体地说就是国家或社会的一部分。事实上,工艺作为一个理性论述,如果它已经建立并运行,那么它就是有效的。消灭犹太人并夺走他们财产的作法曾经是有成效的,工厂的标准设计和工业建设也收获了成果,创造单一工业城市的工艺对于苏联工业化的完成也是相当有效的。但是,如果我们将这些工艺视为纳粹或苏联国家的社会体,那就另当别论了。它们既是有成效的,可以解决当时的问题;从某种程度讲也是没有成效的,因为这一工艺不仅加速了国家在未来社会竞争中的失败,而且加深了对社会和人类产生的负面影响(削弱了社会机体)。

上述例子的共同点是社会生活需要发展和社会变革(改革)。谢德罗维茨基曾经说过:"说到这里,似乎你们中的许多人都会惊呼:是的,走远点!我们有太多想要改造世界的人……我理解这个想法,一方面,因为它真的非常讨厌。但是另一方面,亲爱的同事们,我们不能不去改造世界。马克思是对的。无论你如何看待现在发生的事情,以及前几十年发生的事情,重塑世界的这一原则仍然是欧洲文化的基本内容之一,特别是对于哲学和方法论。无论如何,我必须真诚坦率地说,我们信奉这一原则,并相信人们应该去改造世界,改变世界。我们终生都将过着改变世界的生活。"[170]

研究表明,世界的重塑是由社会思想和观念引导的,但不幸的是,其中大部分是不可能实现的。许多思想和理念的实施所带来的社会后果是非常可怕的,我们只需想想下面几个例子就足够了：中世纪的十字军东征以及与女巫的斗争,20世纪纳粹理论的实践等。*我们必须同意这样的观点,即大多数社会改造的理想是无法实现的(乌托邦式的),而那些由于某些原因仍然坚持竭力去实现的理想,也往往是不可承受的。[171]但是如果说所有的社会设计都是无效的,那也是过于夸张,并不是所有的社会设计都会无效。

例如,自16世纪以来欧洲发生的社会变革就获得了极大的成功。在此之前,一些社会理念的实施已经引起了几个领域的危机。"宗教专制"引起了宗教战争,"专政"王权带来了权力的滥用和独裁统治,"贪婪的思想"导致少部分人富裕而大部分人贫穷,"个人的"无限自由和欲望带来了利己主义行为,"认知宣言"希望挖掘自然的秘密(实验就像对自然的拷问,以揭示它的真实规律)。现代欧洲文化的产生,正是通过一系列社会改革,使人们掌握了某些思想和理念；通过宗教信仰自由原则,解决了宗教战争的问题；借助议会、自然法和公民社会来对抗权力的专制和独裁；市场竞争遵循价值规律进行；个人利己主义会受到道德、道义和法律的约束。在自然科学和工程学框架内,认知利己主义得到发展,欧洲已经形成了我们所说的资本主义和自由民主社会。

另一个例子是创建公社。20世纪20年代后期,笔者的父亲马克·阿布拉莫维奇·罗津(Mapk Абрамович Розин)在莫斯科创建了第一批共青团公社,该公社的运行非常成功,直到父亲被征召入伍。分析这些公社的经验表明,它们存在的必要条件首先是选择参与者,这些人通常

---

\* 由于经历了苏联社会主义的失败,本书作者对于社会主义的某些观点可能有些偏颇。作为俄罗斯的学者,他所受到的西方民主思潮的影响还是相当深刻的。——译者

执着于追求理想并渴望从根本上改变自己的生活并付诸实践；其次，社会对这种社会实验持包容态度。但是众所周知，公社通常仅在前几年保持有效运作状态。实施理想主义色彩构想的还有一个例子——在独裁和极权主义政权框架内进行社会重建。通过强制、宣传、全面控制和思想教育，有可能实现最令人难以置信的项目。为此，一个必要条件是剥夺人的自由，使其丧失思考能力。很明显，这样的社会工程只能获得负面评价，它导致人们偏离社会和正常生活。

也许，只有这样的社会变革才可能获得成功。首先，它们是通过之前的发展孕育出来的；其次，可以成功地获得使这些设计得以实施的社会工艺；最后，出现了一些集团和个人，他们可以创建这些设计并筹备实施。虽然大多数社会设计都是无法实现的，有可能部分设计会导致令人悲伤的后果，但是如果没有社会变革（在这一点上，谢德罗维茨基其实是正确的），正常的社会生活也无法实现。社会变革只有在极少数情况下才能获得成功，并在历史进步中占有一席之地。它通常不是技术上的进步，而是文化上的进步。或许我们还需从许多方面对变革进行评价：合理的行为是否增加、生活是否变得更有意义、冲突和战争是否减少、人们的关系是否变得更好、对人文主义和思想的重视和保护程度是否得到加强等。这些问题很难回答，因为正面和反面的论据都有很多。

尽管进步非常缓慢，但文化仍在进步，这得益于两个主要过程的发展。首先，哲学家、科学家、艺术家、工程师等主体的活动和创造都在关注这一点。也就是说，他们在为文化和人类工作，抵制那些不切实际的损害文化进步的行为。关于幸福、文化、人类正确的生活方式等观点，需要不断地重新思考，并重新定义人类学和社会学的基本概念。

其次，社会文化共同体之间的竞争推动了文化进步。虽然纳粹德国和苏联相当成功地存在了一段时间，但是最终它们失败了。事实证明,在纳粹德国和苏联的相关设计的基础上,建立经济发展和创新人们的生活方式,其依据仍然不够充分。这里还有很多因素没有研究清楚,例如,作为社会有机体,纳粹国家的形成和运行特点是什么?对于第三帝国的内部环境建设来说,是要建立协调的社会机制,确保完成希特勒制定的任务;而对于创建更好的外部环境就是要征服或毁灭其他民族。但正如上面所指出的那样,希特勒未曾考虑到的事情还有很多。在一些社会中,在反人类学思想基础上建立的社会被轻而易举地摧毁,而在另一些社会中,这些思想再次出现,但也同样以失败告终。

事实证明,这里所指的过程是一种辅助的过程。如果一个社会共同体支持那些构成文化的思想、理念和生活形式,那么该社会共同体就更有机会在与其对立的社会共同体的社会竞争中获胜并生存下来(我们称之为"极端社会")。相反,如果在一个社会共同体中,文化构成的个体有很强的趋势(位势),那么这样的社会共同体就更有生命力。从历史的角度来看,这种观点是相当乐观的,但不是针对个别国家和个人。通常,极端社会文化共同体的生命周期可以持续几十年或更长时间。这与一个人或一代人的生活周期相对应。当然,极端社会迟早会从历史舞台上消失,但个人或一代人往往被迫在极端的社会条件下生活,从出生直至死亡。

工艺化和工艺还有另一个特征值得关注。它们可以被呈现出来(被研究和描述),从而与其社会体分开。在这种情况下,工艺变成了一种"纯粹的技术",可以用于新的目的,就像另一个社会体一样。一个众所周知的例子是为和平目的而使用原子能。在创造原子弹之前,学者们就已经开始研究这一工艺。军事工艺首次出现。随后,通过对它的研究和描述,人们创造了一种和平使用原子能的技术,原子工艺成为一个新的社会体。

## 工艺化的阶段——社会设计

如果我们将制定实施计划和发表宣言视为工艺化过程的一部分,那么便可以明确地把它们列入社会设计行为。这种表述本身就已经表明,我们正在谈论的是社会思想(信息)的设计和再现。进行社会设计的前提条件在古代就曾出现。在《理想国》一书中,柏拉图不仅对社会制度进行了建设性的思考(苏格拉底曾说:"让我们从一开始就在思想上建立国家,是我们的需求创造了它。"[172]),而且还讨论了实施这类设计的条件。柏拉图认为,这些条件包括设计本身、获得相关知识、培养哲学家、培养决定献身于社会改造的政府工作人员和改革者,以及寻找开明的统治者。

众所周知,柏拉图未能实施任何国家改革项目,他没有找到一个开明的统治者,也无法用自己的想法去吸引自由公民。因此,柏拉图暮年时在《律法》一书中痛苦地写道:"现在所指出的一切都不太可能有机会在某个时间予以实施,让一切按照我们的想法发生吧。但未必会找到满意这种社会制度的人……所有这一切只是一个梦想的故事,就像人们用蜡来制作的国家和公民模型。"[173]

如果在柏拉图时代,社会变革的设计活动只是一个想法和计划,仅出现在几个哲学思想家的脑海中,那么今天它就是一个普遍现象和实践。在苏联,社会变革是有意识进行的,但是更多的时候是无意识的,在各个层次的社会活动中进行,从整个国家开始,到个别官员的管辖区。俄罗斯学者菲多托娃(В. Г. Федотова)在《"另一种"欧洲的现代化》一书中写道:"历史上俄罗斯一直是一个现代化的国家——从彼得一世、亚历山大二世、布尔什维克到当前的改革者。"[174]今天,应当说,俄罗斯也不可能会放弃这样的社会设计。

尽管在实践方面失败了,柏拉图的设想和社会实验激发了无数的效仿者,他们多次尝试,以期在欧洲文明史上设计一种新的社会制度和公民类型。这里谈一下这一理论思想所经历的两个主要阶段。

第一阶段是乌托邦时期,改革者像柏拉图一样,创建了一个基于"完美模式"的新社会秩序的设计。当然,这种模式一直被认为具有一些神圣的或先天的优点,但实际上它是基于改革者个体的价值观而构建的。正如柏拉图所说:"预见并想象一个和谐的、永远一致的事物,它不会造成不公,永不过时,充满秩序和思想,以此作为模板,并竭尽全力地实现它的模式。"[175]

第二阶段,有充分的理由可以称之为"工程科学"阶段。它又分为两个子阶段——生活建设和社会设计。科学工程方法的本质是在工程设计过程中,采用基于科学知识(社会和公共科学)创造的新社会秩序和结构。20世纪初,最早在建筑方面采用的设计方针融合了社会乌托邦主义。众所周知,在20世纪20年代,社会设计师以功能主义和其他学派的建筑师的身份,提出了"创造生活并组织新生活形式"的任务。

苏联经济学家 И. 韦列沙金(И. Верещагин)认为:"我们非常清楚,关于建筑的要求不仅可以而且应该不只针对建筑物提出,还应针对与此相关的任何事、任何人及其特征。现在,我们不仅在建造新的工厂,而且还创造着新文化和新人类。"[176]同一时期的俄罗斯学者 Л. С. 维戈茨基(Л. С. Выготский)这样写道:"新的社会创造着新人类。谈及人类的重塑,如关于新人类的不容置疑的一些特征,以及人工创造的新生物类型时,新人类将是生物学中唯一的,也是第一个可以创造自己的物种……在未来的社会中,心理学将是一门关于新人类的科学。"[177]

"建设新生活"的运动始于20世纪30年代初,虽饱受批评,但令创建一个完美的社会和人的设想再次出现。

鲍曼写道:"现代社会发展条件使'发明'一个国家成为可能,这个国家应该能够用政治和行政管理取代整个社会和经济的控制系统。更重要的是,现代条件为这种行政管理奠定了必要的'物质基础'。我们知道现在这个时代是人工秩序和宏伟的社会'设计项目'的时代,是规划者及有远见者的时代。更通俗点说,是那些将社会视为待'耕种的处女地',需按其规划来培育的'园丁'的时代。""'现代种族灭绝'这一最著名、最可怕的案例并没有改变现代精神……他们建立了一个巨大的工艺和技艺的宝库,创建了服务于单一目的的机制——就像人类的行为一样,它将富有成效地、积极地追求任何目标,无论其是否获得了设定此目标者的思想依据或道德认可。这些梦想和努力使统治者对最终出现的垄断结果进行了合法化,被统治者被赋予了工具的作用。他们将大多数行动定义为工具,而工具必须服从最终目标——服从那些设定它的人,那些拥有更大权力和更多知识的人。"[178]

20世纪60年代中期,这个问题在设计和工程方法的框架内被一些苏联学者以完全不同的方式提出来,如 К. М. 坎特（К. М. Кантор）, В. Л. 格拉齐切夫（В. Л. Глазычев）, Г. П. 博霍维茨基（Г. П. Щедровицкий）, О. И. 戈尼萨列茨基（О. И. Генисаретский）, А. Г. 拉帕波特（А. Г. Раппопорт）, Б. В. 萨佐诺夫（Б. В. Сазонов）, В. М. 罗津（В. М. Розин）等人的研究。他们最初讨论的不是建筑或城市规划设计,而是设计本身,它一方面被认为是一种活动,另一方面被认为是一种社会机制。与此同时,在科学研究和设计中,开始借用社会学知识和系统方法。

在20世纪70年代初期, И. 利亚霍夫（И. Ляхов）试图概括在社会创新领域积累的经验,掌握其"一般规律"。这些规律驱动着社会管理、社会规划、社会组织和社会过程及结构的设计和建构,以及工业和城市建设规划等活动。利亚霍夫提出了一些关键词,比如"对社会的研究""预测""社会对象的合理变革""系统方法"等,并将它们与建筑理念联系起来。实际上,他提出了社会工程学框架内的一个全新的现实[179]。剩下的工作只需要找到一个更合适和更恰当的术语。利亚霍夫本人已经谈及社会设计,但尚未将其放在研究首位。还需要提出另一个概念,因为"社会建构"一词并没有在公共意识中准确反映整个70年代发生的主要过程——由工程聚合体及活动的组织转向设计聚合体。因此,在20世纪70年代末至80年代初,这一新的方法被赋予了另一个名字——"社会设计"。

今天,社会设计师在自己的工作中实现了两个主要过程。首先,在设计时,他们规划了一个新客体、一种新的社会生活质量;然后,是对所构想客体的开发:思考、商讨对设计提出的要求(来自客户、设计师、审批机构、用户等),以及提出客体主要构成和关系的建构任务等。事实上,正是上述两个过程限制了当代社会设计师的设计文化。总的来说,在科学和工程学方法的框架内,不可能克服社会变革中固有的两个主要缺点:一个是缺乏合理性,社会设计要么是乌托邦式不可实现的,要么被社会宣言、概念、程序所取代;另一个是设计客体给出的社会参数存在偏差或缺失。例如,20世纪20—30年代的社会设计旨在创造一种新的文化和个人,而真正可以实现创造新型社会关系或个人的是新工厂、公共住宅、俱乐部、文化宫等;20世纪60—70年代,小区或实验性住宅区的设计并没有如设想的那样,带来新的沟通方式和社会化形式,它们只不过成为一种新的建筑方案和公共设施,特别是在农村地区,地方的社会文化变革最终成了空想(乌托邦)。

由于社会设计师所依赖的社会科学知识是很有限的,虽然他们构建了新的联系和关系,创造了现实,但却无法提出充分的依据,把希望得到的结果当成可以实现的结果。设计师几乎从不关注社会科学的原因之一是社会科学的成果无法令人满意。众所周知,社会学、社会心理学、政治经济学、文化研究、政治学等知识主要描述的是现有的、既定的事物,而设计师需要知道社会现象(人、群体、社区、社会机构等)于不久的将来或更远的将来,在变化的条件下将会如何发展。目前,社会预测的效率非常低，社会预测的质量明显低于社会理论水平，而且社会理论本身也是不完美的。同样重要的是，这种变化的因素还包括那些由社会设计师自己创造的因素，他们通过自己的设计激发并启动了某些社会文化活动及变化过程。

在开发设计时，社会设计师同样不曾考虑到"制造新事物的工艺"。这里的重要原因不是缺乏相关知识或意愿，而是因为在今天，总的来说仍然不是很清楚实现社会设计具体指的是什么，它由什么组成，它正在经历哪个阶段。不了解这些，社会设计师就像要完成普通设计一样去工作。然而，在社会活动领域，既不像传统设计那样存在设计与制造的分工，也不存在很明确的制造领域。此外，社会设计的实施包括一些过程，如项目倡议、吸引不同群体及媒体界的支持、建立基础设施、组织不同领域的生产、克服某些群体或机构的阻力等，这完全不符合通常对项目设计实施过程的理解。特别是，他们要因此被迫反复修改设计本身，甚至是进行全新的设计。

应该指出的是，近几十年来，人们对社会活动的理解有所不同。它不再仅仅是一个方案措施的系统，它的实施应当达到所规划的结果。现代社会设计需要与利益相关者共同开发，制定灵活的文化政策，提高社会教育效果和影响力，它启动了各种社会文化过程，而其后果却只有部分可以预见。

总的来说，现代社会工程活动是一个复杂的多重过程，为了推进可控的、目标明确的现代化和演变发展，它创造了各种相关条件和前提，如智力的、环境的、社会的、文化的、组织的、资源的条件等。它还提出了一项相当复杂的、人道主义方面的方法论工作。在这里，不仅需要掌握社会学学科的知识，了解社会活动的反馈，还要体现事物现象本身的价值观及思想任务。它进行的探讨和改变是以社会活动为导向的，前提是开展各种社会活动，提出不同的观点、解决方案及概念。

一方面,在这里实现的设计方法是某些聚合体,例如系统技术方法和活动方法;另一方面,涉及社会设计的还有研究因素、人文主义和艺术构成、文化学知识和本体论图景。当社会工程活动建立现代战略时,出现了设计本身的非对象化情况:讨论设计的初始价值、设计现实的本质,分析描述未来项目的使用领域、模拟潜在用户的"形象",所有这些都以社会设计师的自决为前提。[180]

20世纪末和21世纪初,人们目睹了社会现实的迅速变革。社会主义制度的更迭,现代信息技术和通信手段在世界所有主要国家的普及,全球化及分化的过程正在发生,社会移民浪潮高涨,文化出现多元化——这些也只是我们世界变化的一部分特征。在我们这个时代,对社会活动的理解也在日新月异。社会工程学和管理学的某些观点正在受到越来越多的质疑,但是很多方面也得到加强,如政治的重要性对所有利益相关者和个人共同参与社会活动的必要性的理解、在不确定和不了解的情况下对社会过程施加影响、社会剧本化及强化跟踪社会变革和反思的真实过程的重要性,以及修正初始设想、目标和实施方法的重要性。

同样重要的是对社会本体论的重新审视,它不仅是客观化的社会过程和结构,而且是复杂的、相互渗透的环境和领域,社会活动者本身也对这些环境和领域的形成和运行作出了贡献。环境作用的策略越来越普及:改善社会环境,创造条件为形成所需要的社会环境。总的来说,人们逐渐认识到,我们的社会活动和行为只有在作为社会实体(社会环境、制度、有机体)的固有生活的必要条件时,才能有效发挥作用。

即使是上面所指出的这些社会现实发生了一部分的变化,我们也可以确定社会设计的思想和实践已经在很大程度上落后了。当然,关注社会影响的任务还不能从工作日程中删除,反而变得更加紧迫,但其解决方案的具体形式可以而且必须要进行改变。因此,应该有新的观点来替代这些社会设计。

## 居民迁移的新理念（1970—1990年）及当代情况

新理念以缩写 ГСНМ（Групповая система населенных мест）来表示建立居住地群系统。在此之前，除了在传统城市发展的基础上建立工人村，实际上还形成了新的居住类型，需要学界进行理论思考和思想管理。

梅耶罗维奇认为："实际上，有目的性地把自发产生的所谓'无规律'聚集改造成'有计划的、可控的'居住地群系统（ГСНМ），是苏联领土迁居总方案的理论阐述和实践目的。这项任务的实质是优化已建立的居民点和新兴居民点范围内功能性的、运输和其他跨村镇的区域联系。特别是从中心城市（系统的'核心'）中移除一些多余的城市建设功能，如生产、科学、教育等。"[181]

优化自然形成的居民和城市生活方式，需要一个新的分散迁居理论。它的建立基础是已经形成共识，重视交通线及凝聚力，认同城市环境的异质性和中心的作用。与此同时，新理念并没有放弃之前分散迁居的许多原则。

梅耶罗维奇认为：居住地群系统的概念"是一个由不同人口规模和经济类型的城市与乡村居民紧密相连的系统，通过紧密的地域和工业关系、公共工程基础设施、统一的社会服务和公共娱乐中心网络相互联结。同时还要特别注意，居住地群系统形成的前提条件是拥有（或创建）足够发达的内部交通网络，而且有一个具有较高社会文化潜力的城市化中心"。

苏联疆域的分散迁居总体计划设计了不同气候条件下组织定居的不同方法，特别是在人口自然气候条件恶劣、常住定居点稀少和交通基础设施薄弱的地区，如北部地区、沙漠地带、开发不足的"边疆"地区等。

尽管这一解决方案,总的来说具有明显的功能优势,但是总体方案有一个普遍的方法论缺陷,从社会迁居概念到总方案——它绝对没有规定居民点的任何一种自我组织机制。无论是在它们的建设初期,还是之后的存续期间。与之前一样,定居点必须完全依靠国家资金生存,并在当局指定的地点创建。据推测,在未来 15—20 年内,由于国家资金的投入,以及物资和人力资源的定向输送,将有可能实际建造 300 多个 ГСНМ 的后勤、技术、运输和通信基础设施,这也将成为苏联人口区域化的主要形式。

社会迁移的理念(1920—1930 年),将工人村——无产阶级中心——视为地方迁移系统的核心。同样,20 世纪 70—80 年代,在总规划框架内,生产("无产阶级")中心成为迁移的核心。然而,现在它们不是以独立的移居地形式存在,而是作为"相互关联的系统"——移居地的"聚居点"通过 2 小时可达的交通线"连接起来"。这些"聚居点"开始被称为"居民聚集点"。

在阐释工业与迁移的相互依存关系时,上述两个术语没有任何本质的区别,因为,在发展国民经济和军工复杂系统所需要的地方建立工业,这个要求始终未变,因此,通过国家免费住房制度确保劳动者可以固定在工业分布点生活。劳动力和住房市场独立于苏维埃系统之外。根据居留证、工作证、护照,按工作地点分配生活福利等——在苏联的整个存在期间,这些政策一直保持不变,建立了一种组织和管理机制,把居民留在所需的地域内。

公共服务体系的形成与居民点自给自足原则密切相关,居民点的设定也考虑"劳动平衡"规则。在关于斯大林-列宁主义社会政策的哲学和意识形态论题中,一直都在讨论强制把"旧社会人"改造为"新社会人"(苏维埃人民)的必要性和可能性。

最终，在创建集中分配系统及其运行条件时（产品、事物、服务、文化、医学、教育等），只有在10万—50万人的大城市才能实现相对"正常"的生活水平和城市环境，建筑法规定了大城市的功能，以及客体扩展的构成部分。

因此，优先发展基础工业和国防工业的原则成为苏联城市规划理论的重要基础。另一个主要问题是，地方城市政府机关在实现城市建设倡议时被剥夺了自主权，它们将自己在这一问题上拥有的权力完全交给了中央政府。

在需要的地方保持足够的劳动力，实际上在整个苏联时期都是这样做的，尽管在不同领域采取这项措施的力度不同，因为劳动力资源与居住证的绑定，国家分配住房、按工作地点享受医疗服务、发放食品卡、儿童教育等都是按照其居住地实行的。

迁移总规划与社会主义迁移理念的主要区别在于，前者的制定摒弃了之前盛行的对这种强制关系的简化解释，这种关系在社会迁移的模式中表现出来——每个地方的建筑物（住宅区、城区、城市）都应该与生产主体（企业、工业区、工业中心）相匹配。在迁移总规划中提出了一种新的方法：在区域内，分散迁居的结构类型必须与该区特定的生产专业化类型相匹配。

因此，在迁移总规划中，负责"构成工业"的不再是单独的居住点，而是居民区的"综合体"，被称为"组群系统"（即"居住地群系统"）。纳入组群系统的居民点可以拥有一些其他功能（居住地群系统框架内其他相关专业的功能），如教育、科学研究、娱乐、旅游、运输等。但在迁移总规划的解决方案中，完全放弃生产这个首要任务的情况还没有发生。整个国家仍然被认为是一个大型的自给自足的配有车间的"工业综合体"——区域。在抵御资本主义包围的理念中，保持国家主权的条件是"至关生死的自主权"。

在苏联疆域上发展迁移总规划的一个创新方面是"生态原则"。指示中提出了要求,要确保居住地体系内实现"生态平衡"。"生态区"包括:(1)针对自然保护对象设置了自然保护区、禁猎区、禁渔区、防护区等;(2)低城市化分布区,如养护区、林业和农业用地。

另一个创新方面是"预测"。布尔什维克不需要预测未来,因为它们实际上在创造未来,在更大程度上是依靠"改造的意志",而不是基于"事物的现有情况"。在迁移总规划方案中,推算方法(外推、外延)占有特殊地位。它尝试根据科学数据预测定居点未来的发展状态。预测科学的方法论研究正在被提到首位。[182]

目前的情况,政府部门在1994—1997年城市总规划框架内,制定了一个新的总体方案,即改革后俄罗斯境内的迁移规划——统一的定居地群系统。

"在俄罗斯疆域上的统一居住区系统,与在苏联时期的分散迁移总规划一样,采用的主要方法是:在提高境内城市化建设潜力的思想基础上,发展固定居住区工业经济发展以及迁移发展的主要推动力。而且,通过限制大型和超大型城市的扩张来遏制它们的增长。同时,对于构成大城市基础的、加入密集居住网络的、规模相对较小的城市(中小城市、城市型定居点、农村地区中心等),要加快发展其基础设施。对于大型和超大型居住区,要确保其更有效地利用集中在这些地区的经济、科学、信息和社会文化资源,并在尽可能广的范围内实施上述各种改进措施,将自发形成的大型和超大型聚集地转变为有序构成的'聚居区'。"[183]

在制定新的总体方案时,特别分析了苏联解体导致的俄罗斯联邦的地缘政治、社会经济和人口状况。

在已有的分散迁移理论和实践背景下,新的规划是为了解决真正具有创新性的问题:(1)安置来自前苏联境内,特别是俄罗斯南部某些地区的难民和移民;(2)为那些因减少境外俄军特遣队定额而调动回俄罗斯的军人及其家属创造就业条件;(3)规范管理那些从自然和气候条件恶劣的地区迁居到适合生活的地区的居民迁移行为;(4)改革"经济不发达"地区的迁移系统。

俄罗斯迁移总规划的实施,是有目的地改造国家现有居住区网络的构想,明确要建立一个分层级的、具有地域差异的结构,包括人口分布的支撑架构和连接交通系统(如跨大陆、纬度、区域、亚地区及地方的系统等)。

人口迁移的支撑架构由下列"枢纽"构成:大城市及城市群。它们又分为4个级别:(1)世界级超大城市和城市群;(2)国家级大城市和城市群;(3)区域级中型城市;(4)中级城市(工人住宅区)。[184]

我们会发现,即使在今天,军事工业也被俄罗斯政府当作推动民族工业(航空、造船等)及自主发展潜力的重要动力。实行这样的国家工业政策是因为,与经历了长期初级工业化,且处于后工业阶段的经济发达国家不同,目前的俄罗斯没有能够取代国家的结构,而国家是作出最佳、有效和大规模战略技术决策的主体。在过去的几十年里,这种结构尚未在国内形成,因为苏联的国家结构完全无法实现它们的成功运行。

俄罗斯联邦领导层不想让国家的工业发展受国外"全球经济经营者"的摆布,因为这样有悖于俄罗斯自认为是一个独立的历史主体的宗旨。俄罗斯坚持要有自己的目标,必须保持军事、政治和经济独立的原则。正是在这种政治自我意识的指引下,基于过去十年的实践,俄罗斯决心把国家机关在解体后失去的"工程设计师"和工业"装配手"的功能找回来。

此外,与苏联时期一样,俄罗斯政府研究把建筑行业视为国家发展的"火车头"。只不过现有的发展重点不由自主地从工业建筑偏向了住宅建造。[185]

"目前俄罗斯国内地区发展战略中的'后工业化'表现在：推行军工综合体的同时，大型贸易网络也被视为个别工业领域发展的'飞轮'。最近，将国产商品打入国际贸易市场已成为另一种推动力，对俄罗斯制造商而言，这迫使他们提高产品质量，以加强在国际市场的竞争力。即使在当前，随着自给自足程度的提升和销售市场向亚洲地区转移，这一挑战仍然存在。"[186]

## 从工艺化在社会层面总体形成到社会环境的建构

从第二个时期开始，在意识形态及部分现实中，出现了社会活动类型转变的情况。第一种类型是社会主义国家旨在建立工厂和社会城镇的活动，前提条件是实施强硬的社会设计和管理，参与者没有任何独立性。当满足一些条件（如广泛性、质量、期限等）时，工艺化的过程与这种类型的社会活动紧密相连。

第二种类型要求相对独立运行的多个主体进行联合，并接受适配控制。这里存在一个从全面社会建立（社会工程学的极限变体不涉及物质阻力和自然过程）到可以被称为"社会环境的建构"过程的过渡。而后者具有以下一系列特征。

- 除国家逐渐不再被视为社会活动的唯一主要主体外，许多社会主体的存在和利益都得到了承认，包括重要部门、民族共和国和地区、特大城市和大城市等。因此，除社会工程学方法外，社会实践开始形成，很难有比"政治"一词更好的词语来表述这一过程了。[187]
- 要克服第一个时期特有的、关于领土统一且单一的观念，就要了解不同地域和社会经济条件（不同类型的城市、地区、城镇和村庄、民族社区）的差异。
- 越来越多的社会活动主体倾向于承认社会对象的自然本质，并且意识到必须要考虑到这一本质的规律性及特征。因此，社会学和其他社会科学(经济学、文化研究、城市研究、地理学等)的应用受到了广泛关注。换句话说,社会工程学的变体开始形成,其中作为社会活动媒介的自然过程也在考虑范围内。

● 重新提出了所创建社会对象的管理问题,自然过程的复杂性要求我们必须建立一种特殊的方法学。这也是梅耶罗维奇提出聚居点的原因。

现代俄罗斯有相当多的"混合"聚居点。尚未有人对这些已经创建的有计划、有目的项目进行管理的先例。事实表明,现今聚居点的形成不是自然发展的结果,而是正如同苏联疆域上分散迁移总规划所显示的,科学预测聚居点发展过程的尝试往往是无效的。它们的存在是一种无法在现有框架下"自发"进行的过程,因为需要进行专业的科学分析和持续管控。聚居点属于人为创建、发展及持续管理(非间断)的特殊对象。

而且,这个问题的解决已经刻不容缓。因为在现代国家迁移理论中,超过四分之一个世纪以来,城市聚居区一直被视为与"国民经济"组织形式相对应的、人口地理布局的主要架构的构成结点,并被用于制定国家领土发展规划,受最高管理机构监管。[188]如今,这些聚居区的作用使其成为一个"潜在"的迁移对象,一方面,它们确实存在;另一方面,它们在行政地图和管理的现实中却消失了。在一些地方,迫切需要对现有分散迁移制度进行改革,特别是在国家边区人口不断减少,俄罗斯城市和区域之间人力资源竞争激烈的情况下,早就应该有针对性地建立定居点、有组织和有计划地发展这些地区。在政府的人为刺激下,个别"增长点"的迅猛发展可能是对当前情况的充分回应。聚集区应该成为"增长点",由于其规模的壮大及影响的多样性,它们应成为"可能被发现"的管理对象(积极贯彻联邦和地方政府的意志)。

聚居点表现出了作为整个迁移系统"目标发展关键点"非常明显

的优势:国家北部、东部甚至中部领土的人口密度极低,交通运输线路不足,这些地域上原有的人口流动性降低,在具有广阔的内部市场和发达的运输,以及通信基础设施的集聚区内,大多数服务的可获得性和多样性远高于邻近地区,这确保了工业的就业结构的多样性,以及所提供的教育水平和当地文化的多样性。[189]

- 工艺化问题并未从议程中撤销,但现在对这一问题的理解是不同的:它必须从极权主义社会形成的活动中脱离出来,并根据社会构成的特殊性进行改革。

- 在旧的意识形态背景下,以及战前时期特有的极权主义社会全面形成过程中,新的趋势开始发展起来。最终,充满政治性的城市建设与实际建筑方案之间产生了不一致和矛盾。[190]

在现代俄罗斯的政治体系中,已经宣布要推进地方自治立法。但是,这并不总是需要法律支持,在当前的行政和管理活动中也并不总能体现国家思想,而且它也不必然导致人们无私地接受安排、牺牲自我去实现国家的长期规划。此外,立法文件的精神和文字表述是不一致的,一方面表现了实践活动的真实结构,另一方面也增加了决策的随机性及情景依赖性。[191]

还应该指出,今天,上述任务的解决与定居点的现有发展理念,以及地方领导个性之间存在着非常大的矛盾,市政当局希望依靠自己消除其管辖领土上存在的不足。这种自决性一方面是"凝聚",另一方面则成为一种矛盾,因为"相邻分布"的城市开始分享彼此的潜力的前提是,城市群聚点范围内的市政府机构,在战略上不愿意全面综合发展自己的科学、教育、文化、体育或其他某些功能,并自愿将它们"授权"到专门从事这方面工作的邻近地区,此外,还可以用自有资金的股权形式投资其他城市的设施建设。至今,在俄罗斯仍然没有出现这种做法的大规模示例。[192]

遗憾的是，不时也有直接倒退回原有意识形态和社会文化的情况。

在当时及之后很长一段时间，最大程度地限制了地方自治的任何表现形式，巩固中央政府并加强责任制，这些政策在很大程度上为战争准备了有利条件，而战争也促进了采用崇尚威信的管理风格。在这种风格下，工作是根据上级的指示，出于对领导和权威的信任来组织的。目前，国际紧张局势进一步加剧，可能会成为这种趋势和期望的催化剂。

后苏联时期的俄罗斯开始实行垂直权力管理系统，其目的是在政治活动的所有领域对区域内的民族主体进行限制。致力于恢复单一集权制，在辽阔的领土上"隐藏"民族自主性，加强权力的集中制，以及从外部控制"主权无限至上"的观点。[193]

**社会环境的建构目标**

从上述分析可以看出，工艺化被视为解决社会问题的现代方式，但在下面的例子里工艺化指的是社会转型和发展。在第一阶段，工艺化的主要任务是准备战争和形成新的社会主义人民社区。在第二阶段，虽然确保了苏联人民需求得到满足，但这些需求的调整仍然是基于意识形态和经济方面的考量。事实上，我们可以同意梅耶罗维奇的观点，即我们正在谈论的是优化现有流程和关系，但所理解的优化是在苏维埃国家的任务框架内进行的。

第一，要关注的是，我们现在拥有什么。很长一段时间，筹备战争的问题确实没有被提上议程。但是，近二三年俄罗斯政府再次制定与美国和北约的备战任务，最终会发生什么还有待观察，毕竟在前一个时期，镇压机构被裁撤，国家开始着手建立市场和其他民主机构。尽管如此，维持强大军事力量的任务保留了下来，必须要保持和发展国防工业。

第二，由于国家的开放性（外国投资仍然可以进入国内，俄罗斯人也可以自由出入境），以及对现代民主生活方式的部分公开承诺，政府提出要确保人民的需求得到满足，并保障其一定的生活水平。[194]然而，由于西方对俄罗斯发起的报复性制裁，国家经济出现了衰退（危机），政府呼吁人民要勒紧裤腰带。

第三，如果我们回到定居点的问题，那么当局就面临着扩展疆域和改善居民（社区）生活水平的任务。这里不仅仅是管理问题，如通常认为的那样。俄罗斯学者 Л. Г. 戈卢布斯卡娅（Л. Г. Голубкова）指出，正确的管理必然要谋发展。[195]对于地区的发展，政府当局显然需要知道其管辖领土的资源、居民的不满及需求，以及需要建造或重建什么以满足这些要求并解决相关问题。这些工作最重要的进程是重建或新建建筑、设施和结构。然而，对于市政当局来说，完成这些工作的前提是掌握类型学知识，具体来说就是了解在该地区计划进行哪些类型的建筑工程项目，不同类型的项目可以提供哪些功能，哪些类型还需要增加建造，哪些类型和功能可以或不可以结合起来。

当然，对于设计师来说，除这种类型学知识之外，还需要掌握其他知识，例如，类型学本身的知识，在设计建筑和建筑对象类型中实施的技术，该类型的原型、标准和其他限制，该类型的设计和建造成本等知识。

第四，地区的发展和社区生活的改善，通常涉及解决各种经济和经营问题。例如，创造条件将有盈利能力的企业安置在该区域，出售或出租空置土地用于建造房屋，实施规范的税收政策等。梅耶罗维奇在讨论伊尔库茨克集聚区时，强调其任务是发展产业经济。

梅耶罗维奇提出了实现发展经济所需的规划："（1）鼓励'位于邻近的'城市积极共享彼此的人口、文化、教育和生产潜力；（2）集中优化各种生产、基础设施、科学和教育机构，以增加该地区对移民的吸引力；

(3)完善经济基础和现有管理结构,以及提高社会文化生活水平;(4)提高经济过程效率及其一体化程度。"[196]

我们可以明确的是,社会环境建构的目标不仅是地区的发展及其居民生活的改善,还要卓有成效地为这些任务的完成创造必要的条件,即产业经济发展。当然,这种发展并不是在每个地域都有可能实现的,但是我们可以从重要的区域城市开始,从城市开始讨论经济发展、产业及自身发展。即使地区从国家获得足够的财政支持,地区政府也还是要考虑本区域的产业和经济发展。因为今天是一种情况,明天可能会出现另一种情况,"金融雨"可能会停止,但是人们对改善生活的渴望却永无止境。

从理论上讲,人们可以制定这样的规则:对地区(但不是所有地域)及其居民,应该通过两种方式来进行研究——作为居民定居单位(整体)和作为产业经济体。如果不发展和支持这一有机体,那么地方政府只能满足居民生存的基本需求,而难以满足其改善生活的要求。

居民"生活方式"的理念也很值得讨论。改善生活意味着什么?它通常被认为是满足居住在该地域上的人们的需求。在这里,可以分为两种情况:一是现有需求,即有可能在实际生活中得到满足的需求;二是未来可能会产生的新需求。例如,在现代中等城市中,特定人群(青年、儿童、领养老金者、劳动人民等)习惯在公共场所(电影院、社区中心)看电影。此外,企业以及代表文化管理方的城市政府机构,希望引进新型电影院,如配备3D、IMAX、Drive-in等技术的影院。我们所说的满足现有需求,即改善城市中电影院配备不足的情况。而关于可能会产生的潜在需求,即第二种需求,实际上可能无法解决。但这一潜在需求的形成,前提是向居民提供相应的服务。可以假设,所形成的需求可能是由某人在某个时候创造出来的。从这方面看,需求并不是作为一个人不可分割的特性一直存在的,而是在新技术发明的新产品、新优惠和新服务形式的影响和压力下创建和形成的。

最初,地区和居民的需求完全由社会主义国家来确定。而现在,假设这些需求来自地区居民,国家也只会对其进行调整。梅耶罗维奇指出:"从意识形态方面来看,当今政府的组织和管理工作与苏联早期完全不同。在那些年里,政府试图消除多元成分的城市经济,把住房交易机构掌握在自己手中,而现在,情况则正好相反,政府正试图恢复这些产业。当时,政府与个人形式的住房情况作斗争,完全用国家建设取代私有住房,而现在正试图推动公民独立解决住房问题。但是,我们发现,政府并不是通过提高能力和简化自建程序来实现这一目标,而是通过发展贷款组织系统,加强与贷款人工作的关联性,同样把人束缚在居住地。在那些年里,当局反对任何形式的私人所有权,以及私自处置住房及邻近地块,剥夺了民众自主处置土地的权利,哪怕是一小块儿,并用'公有形式'(国家所有权形式)取代个人形式住房,从储备的'公共'住房中,为企业和机构(在这方面'暂代'国家职能)提供临时使用权。现在,政府正试图启动相反的过程,将住房建设领域转移给纯私人资本,仅保留土地和订购分配中的最高层监管功能。在实践中,这种做法导致这些开发商只建造利润更高的精品、昂贵的住房,排斥建造廉价的经济适用房。"[197]

然而,有人会问,区域内的居民是否可以产生自己的需求,特别是未来的需求?"诺夫哥罗德\*议会时代"早已过去,正如历史学家所说明的那样,在诺夫哥罗德并非没有出现冲突。由于诺夫哥罗德居民的两个主要群体无法在议会达成一致,他们招来"瓦兰人"(即外援或外

---

\* 诺夫哥罗德,建城于公元859年,是诺曼人在俄罗斯建立的最早的殖民点之一,诺夫哥罗德的政治权力主要集中在市民大会,而市民大会背后的主控者是大商人和大贵族。王公的权力相当有限,并受到市民大会的严格制约。——译者

请的帮手）加入管理层。对于当地居民来说,实现决定自身发展的指导方针更加成为问题。

简而言之,可以把这些任务的解决转交给"学科学"专家们［这是俄罗斯方法学家 C. 波波夫（С. Попов）的术语］——社会学家、经济学家、服务专家等。他们负责制定地域发展计划、预测居民需要、明确"瓶颈"问题、提出解决各种问题的方法和方向、解决所提出任务所需的及可用的资源,并且总结这些计划的执行情况。

例如,"目前,计划在新划入首都的地区创建新的吸引力中心,即所谓的增长点。这将使莫斯科从一个大多数工作集中在一个地方（这里是指中央行政区）的单一中心城市转变为多中心城市。在这样一个城市,将有可能避免巨大的向心交通流量,因为每天有 40% 的莫斯科人会去市中心工作,并在晚上返回家中。在特罗伊茨克（莫斯科周边城市）和新莫斯科行政区,目前已经确定建设 12 个增长点,这些增长点将优先获得城市建设发展的资源。这些增长点基本上都位于定居点周围形成的地区,以及高速公路附近。新增长点包括:鲁米扬切瓦商业园区、莫斯科伦琴工厂村、科穆纳尔卡、富努科瓦、基辅区、沙波瓦区、洛科瓦、梁赞诺瓦村、雅尔切瓦、特罗伊茨克市、瓦罗诺瓦村和克连诺瓦村。这 12 个增长点中的每一个都将成为城市发展活动的新中心:在这里,将统筹进行住房及基础设施建设,创造高薪工作岗位。目标是为居民提供舒适的生活,使他们可以在'新莫斯科'工作和休息。增长点的建设密度取决于与莫斯科公交环线的距离:靠近'老莫斯科'——中等密度,靠近中央公交环路 CCAD——密度适中,接近'新莫斯科'边缘——低密度建设。"[198]

也就是说,又出现了被决定的情形,之前是国家替居民作决定,现在则变成由专家来作决定。

莫斯科第一副市长弗拉基米尔·列辛（Владимир Ресин）在新闻见面会上说:"现在,整个机构都在进行调研,需要建造多少住房,修多少道路、医院、商店、幼儿园和宾馆等。需要多少资金？拨款不会有任何问题，财政预算资金将主要用于基础设施建设，其他一切都将通过投资和其他资金来源来建设。例如，迁移城市或联邦机构——腾出中心地带附加值高的建筑，就会有人想要购买它们。而出售这些房产的钱，很有可能会用于在新地方建造所需要的一切。"

与此同时，莫斯科市政府的原则立场是这样的：土地开发应尽可能考虑居民的意见——不论是当地居民，还是郊区别墅居民。合并到莫斯科的地区共有居民约 25 万人。所有这些人都将获得与莫斯科人同样的社会保障和福利，提高养老金并增加其他福利。此外，莫斯科市杜马在第一次审阅时就通过了一项法律，以保障合并到首都的地区的别墅所有者的权利。[199]

也就是说，政府将听取莫斯科新区居民的反馈意见，尽管在决定扩大莫斯科，并发展"12 个增长点"的规划时，联邦和莫斯科政府实际上并没有与任何居民进行过协商。[200] 如果相信城市规划者和莫斯科当局，那么对新区域发展规划的讨论就出现了，但是这些讨论具有多少权威性，是不是非官方的意见——这就是问题所在。[201]

除地区内居民缺乏专业知识外，主要的问题是，在绝大多数情况下，地区居民没有发展成为一个独立的实体，能够通过集体讨论提出自己的建议，更何况要维护和实行这些建议。因此，尽管发展规划的公众听证会是正式的，但却收效甚微。

新莫斯科的构想是将莫斯科从一个单一中心城市转变为一个多中心城市，计划把大部分集中在一起的工作地点分散到多个中心地带。城市规划者坚信，建造这样一个城市将是可行的，可以减少涌向中心的交通压力。设计师们认为，居民们在"新莫斯科"工作和休息，新建筑和园林绿化会使他们感到舒适。这是写在纸面上的设想，现实中会发生什么，实际上会形成怎样的流动，居民们主要在哪里工作，他们是否会感到舒适,这些都是问题。城市生活不仅是我们设计和建造的一种人工构成物,同时也是一种自然构成物——一种社会有机体。B. 格拉齐切夫（B. Глазычев）是正确的,他指出我们正在创造的不仅是某些城市规划构成物（建筑、街区、地区）,而且还将新的城市生活形式植入城市有机体,如果我们没有进行全面的设计前研究,那么这些方针根本不可能深入贯彻下去,有些设想确实没有取得成功。[202] 他还提出要注意这样一个事实,即我们将要改善（优化）或发展的每一个城市,它们的实际情况几乎都是独一无二的。[203]

如果要认同这一观点,可能就要同时接受另一种观点——在城市（机构、住宅）中有许多相似的情况——具有大致相同的条件和生活特点。例如,交通创建了具有大致相同的可达性的中心点和地带。城市中心、居住区和娱乐区要求有相似却彼此不同的生活功能和行为方式。一个人待在家里、在工作单位或在服务机构,类似场景中有不同的行为特点。此外,这一观点与第一个观点并不矛盾:相似性和类型化是针对设计者解决一些任务而设置的,而独特性是针对其他任务提出的。考虑到许多城市在公民行为方面都具有相似性的构成,可以确定公民活动的典型场景,然后在工艺解决方案和服务理论方面使其成为相应的对象类型。

在现代条件下,工艺化的基本策略应该是怎样的？与此同时,必须要考虑社会任务的变化,不是为了抽象的社会要求和方案创造环境,而是为了地区发展和实现现代人体面生活的理想——工艺化对环境的独特性和类型化这两个要求（大众性、质量、经济、技术人员培养及其他条件）是辩证共存的,一方面要考虑地区与其主体的发展计划,另一方面要进行设计前的研究,使我们可以调整发展计划,并将所设想的新构成物有机地融入社会体。此外,还要考虑到这样一个事实,即城市作为自然形成的构成物是一个复杂的层级系统,其中一些地域归属于另一些地域。[204]但是,如果考虑的是地域发展,那么这样做的后果之一是,某些地域实体的发展规划的制定不仅取决于归属地,也可能取决于相关的其他地域提出的要求。[205]例如,从理念上讲,城市发展计划在很大程度上取决于城市的总体规划,但在实践中,区域发展往往是自发的,独立于获批的总体规划。

考虑到上述情况,就会出现下面这样具有双重目标的地域发展战略:发展地域同时作为经济单位(整体)和公共社会实体。为每个地域制定发展计划,不仅要考虑到其自身特点,还要考虑到其隶属和相关地域实体发展计划的要求。在实施过程中,所有地域发展计划都是在设计前期研究的基础上进行调整并最终确定的。工艺化和个性化设计互为补充。到目前为止,制定发展计划和进行设计前期研究是科学家(社会学家、经济学家、服务理论家等)以及设计师的任务,他们要尽量考虑到所有相关地域主体的需求。但是在未来,地域主体(主要作为客户和未来的用户)应该直接参与到这些过程中。

## 新工艺化背景下的类型学

让我们以电影院为例来说明这个问题。在电影业发展初期,电影院是没有区分类型的,之后才逐渐出现各种类型。电影院类型学的出现可能受到两个主要因素的影响:公民的观影理念发生了变化,同时工业化能力有了显著提高。事实上,人们想知道,为什么开始为儿童建造电影院,用外语翻拍电影?这是因为要实现一个目的,即满足不同兴趣及不同电影感知特征的各个层次居民的文化需求。因此,这些电影院的创建工艺(设计和建造)是有些许不同的。

但是毕竟,最初的电影消费者并未表现出差异。不同的观影者是从哪里来的呢?他们是由电影业培养出来的,孩子们开始去他们自己的电影院,因为那里为他们准备了适合的剧目和观影条件,外国电影的粉丝也需要有自己的影院。为什么现在开始创建 3D、4D、IMAX、Drive-in 电影院,以及之前的全景影院、环幕影院、立体影院等?这是因为出现了新的拍摄和放映技术,一方面需要与不同的影院设计和建造工艺匹配;另一方面正好满足不同兴趣和不同电影感知特征人群的文化理念要求;同时它也塑造电影消费者的品位。

如果说在苏联时期,人们的需求在意识形态及供应短缺问题的影响下,各个方面都严格标准化,那么目前在俄罗斯,在技术迅猛发展和娱乐革命的影响下,这类需求没有受到任何限制,甚至得到了培养和扩展。

苏联住房和服务机构的类型学形成的决定性逻辑是什么呢?一方面,国家以其机构作为代表限定了居民的行为类型;另一方面,确保了各种类型的"配置"(建筑物、结构)。事实上,当时采用了阿尔伯特·卡恩的方法,即首先提出建筑物和结构的类型,然后在其中建立相应的行为类型。例如,公民的观影行为应当在国家建设委员会批准的影院类型框架内进行。当然,在现实中,这种情况出现了许多问题,在文献中也多次被记载。

目前,虽然国家没有直接规定公民的观影行为形式,甚至相反,它的原则是满足不同人群现有观影需求,但之前的影院类型仍然存在。确实产生了一些基于不同原则建立的各种类型的电影院。

为了满足城市居民对观影的需求,国家标准规定为每 1000 个居民应提供 20—30 个影院席位,未来将达到 30—50 个。而对于大城市,则应该不少于最低标准,对于没有剧院、音乐厅、杂技场及其他娱乐机构的小城市,则应执行最高标准。

自 1895 年以来,在电影存在的近 100 年时间里,电影放映技术得到了显著进步,投影类系统得到了发展,创建了广泛覆盖的影院网络。在计算新创建的城市和住宅区的影院网络时,以及为现有城市设计影院时,明确规定在公共文化服务系统中影院的类型、观众容纳量和位置是非常重要的。

影院的种类繁多,目前有以下几种分类方法:(1)根据经营特点分为全年影院、季节性影院(夏季关闭或开放)、混合型影院(全年与季节性结合);(2)根据观众席的数量分为从 100—1500 人的全年影院和夏季关闭型影院,夏季露天影院最多的席位可达到 2500 个;(3)按影厅数量分为一厅、二厅、三厅、四厅;(4)根据使用特点分为常规影院和专业影院,而专业影院也细分了几种类型,如首映影院、休闲影院、电影工作室、儿童影院、24 小时影院、电影吧等,专业影院还包括可放映特殊类型电影的影剧院,如全景影院、球幕影院,立体影院、录像影院等,这些影院都要求建立自己的专用场所。

根据电影放映技术,可以分为最常见的 35 毫米宽的胶片放映、常规屏幕(帧宽比为 1∶1.37)和宽屏幕(比例为 1∶2.35)、遮幅宽银幕(比例为 1∶1.85)、宽屏胶片 70(帧比 1∶2.2),以及配备立体声系统的影院。巨幕系统造价昂贵,通常用于 800 个席位以上的大型影剧院,如果是所在城市最大的影剧院,也可以配到 600 个席位。

最近,多功能电影院得到广泛普及,兼具电影、音乐会、会议等功能,大容量影剧院作为多功能综合体的一部分,根据专门制定的任务实现个性化设计。

**3D 影剧院**

如今,适合放映高质量 3D 电影的超现代化影院极其受欢迎。通常会同时使用两个电影放映机的播放方式,使每个观众的眼睛都会捕捉到投影到屏幕上的立体"像对"的特定部分,因此呈现为立体影像。

**IMAX 电影院**

一些创新的电影院设计了 IMAX 格式播放戏剧、动作片或情节剧。

这些影院的特点是屏幕巨大,可以覆盖观众的整个视野。所有这一切都是为了确保观众完全沉浸在具体的场景中,并提高现场效果。

**露天汽车电影院**

一种独特的季节性连锁电影院,专门为汽车爱好者开发,是直接在露天放映的电影院。通常免下车场所就像一个标准的停车场,在那里安装上巨大的屏幕,并且详细设计了观众进出口。音频传输通过低功率无线电台实现,或借助于安装在附近的专业音响系统。

目前,最实用和最普遍的电影技术是改进的立体、可变帧半球投影系统。在国外还有一种电影院声像系统,使用了可以改变气味、空气流动和其他影响感官的装置,即 5D 影院。现在,正大力推广在基于全息摄影技术的电影院中使用立体影像技术,如所谓的 3D 影院。

标准规定,所有观众容量 800 个座位以下的电影院都应配备宽屏幕,可以放映普通和遮幅宽银幕电影。拥有 800 个或更多座位的大影厅应配备宽幅屏幕,可以播放当前电影业使用的所有主要技术的电影。在个别情况下,容量限制可以上下浮动:宽屏幕也可以安装在 800 个座位的电影院,宽幅屏幕也可以安装在 600 个座位的影院,如果该影院是此城市最大的影院。

现代电影院根据以下标准进行分类:

按剧目分为放映艺术电影、纪录片、科普电影、儿童电影、翻拍电影及外语片电影的影剧院;

按开放特点分为全天候影剧院和季节性影剧院(放映场地夏季封闭或开放)、专业影剧院和综合影剧院(将电影放映与其他活动相结合);

按建造地区分为城市影剧院及乡村影剧院;

按放映室构成分为单厅和多厅影院,还可以带有休息室和侧厅;

按建造特点分为设立在独立建筑物中,或与其他机构在同一建筑物内(内置、附属、合作);

按放映系统分为普通影院、宽屏影院、宽幅影院、立体影院、全景影院及日间影院(一种可以透光放映电影的放映场)。

标准文件还规定了建造影剧院的座席要求:

单厅影院设有150、200、300、500、800个座位;

双厅影院分别设有200+300、300+500、500+800个座位;

3—4厅影院设有100+200+300(500)个座位、100+200+200+300(500)个座位;

2厅儿童影院设有300及500个座位,200+300或300+506个座位,如带有俱乐部(农村地区)可设150及200个座位;

与咖啡厅和俱乐部混合一体的放映室可以设200+300个影厅座位+50个座位的咖啡馆、300+500个影厅座位+100个座位的咖啡厅;

夏季室内影院设有500及800个座位;

夏季户外(电影场地)设有500、800、1200个座位;

综合厅设有300个座位+500个座位露天放映场、500个座位综合厅+800个座位露天放映场。

上面列出的观众容量和影厅组合方式是用于类型设计领域内的大众类房屋建造。该标准还规定了具有多功能用途大厅的影剧院(电影-音乐-会议)以及大容量的个性化设计影剧院。电影院可以成为内设多个经营机构的综合公共中心的一部分。[206]

如上所述,这里电影院的类型化是建立在不同基础上,显然还没有固定下来,仍然不断有新的类型出现,而且其发展前景也尚未明确。

但是我们已经可以得出一个重要的结论:显然,必须将下面两个不同的过程分开,而不是结合在一个类型中——已经建成的建筑物及结构里设置影院,以及建造新的影院。首先,新建造的建筑和结构应遵循与旧建筑物的功能不同的逻辑;其次,它需要一种新的类型学。下面来分析一下形成这种类型学的逻辑是怎样的:

- 应该逐渐放弃苏联时期创造的类型学,包括其构建原则、类型本身等;
- 类型学开发者的工作不是从环境的传统类型和行为方式出发,而是来自城市中形成的公民的现有行为模式;
- 这些行为标准可以分解为单元(过程),符合建立这些过程的环境类型,或者符合首次制定的类型;
- 如果这种创新能够制度化地(即技术化)予以实施和保障,并且经验已经证明了它的有效性,那么这些创新就可以被接受,并被认定为一种新的类型。

让我们来看看这两个例子——电影院的类型学(一系列传统类型与新类型同时存在),以及驯马的类型学(实际上是一个全新的类型学)。

关于大城市居民的真实观影行为,Т. 朱可夫(Т. Жукова)和Б. 萨佐诺夫(Б. Сазонов)认为,电影放映机构和网络的城市建设组织问题(即在城市结构中设置多少放映机构)至少涉及四个主体。第一,电影制作者,他们是电影业活动过程中的关键角色,对于电影制作方来说,电影只是一种商业类型。今天,像其他业务一样,它是按照创新市场的规律来发展的。也就是说,它为消费者提供越来越多的新产品,为他们创造新的需求,不仅要在激烈竞争的条件下生存下来,还要增加自己的收益;第二,是为这个市场工作的"电影艺术家",他们不仅按照市场的规律发展,有时也会被市场踢出这一平台;第三,"消费者"本身,从年龄、社会地位以及导致他们进入影院的目标和兴趣方面来看,其观影行为也属于完全不同的类别;第四,政府,他们有责任制定公共领域发展的具体政策和指导方针,特别是电影放映行业。这些政策的制定也相当复杂,因为它必须考虑到其他主体的利益和国家的实际利益和任务。比如,其中一项主要任务是制定针对青年的政策,包括青年教育和培养、就业、收入状况、健康、休闲活动及其社会文化内容等。

作为一种艺术形式,电影也塑造着自己的观众,让观众了解并喜爱它,尽管他们往往对其他类型的艺术也同样热衷。这些观众追踪电影界的事件,关注新影片,谈论导演们的某种既定风格。他们来到电影院主要是为了观看电影,而其他所有与此相关的娱乐则作为附加和顺便的事。对于这样的电影爱好者来说,看电影是非竞争性的选择,但他们要求影片具备一定的水准,包括电影的拍摄和放映工艺。目前有一种印象,似乎对于现代青年观众来说,技术效果通常是最重要的。他们与其说是传统艺术形式的爱好者,不如说更像汽车爱好者,对他们而言,更关注汽车的外形,不会太在意其实用意义。追求技术上的新奇事物本身,就可以成为他们的目的。

另一种观众行为类型的特点是,在参与其他形式的休闲活动时,偶然选择进入影院,他可以去影院,也可以去酒吧坐坐,或者去迪斯科舞厅或保龄球馆。通常,这种类型的休闲是集体性质的,而且交流是活动的主要意义,而看电影、打保龄球或其他娱乐活动只是一种非常简便、容易被替换的娱乐形式。在这种情况下,不同类型和形式的休闲活动,可能会成为彼此的竞争对手,也可能是相互补充的。最后,还有这样一类电影观众,对于他们来说,进入影院只是用来度过偶然出现的2—3小时的空闲时间的一个很好的方式。在这种情况下,商业影剧院可能要与很多同样吸引消费者的竞争者争夺观众,而消费者在同一空间里可以自由变换休闲活动类型。电影发行方非常了解这一点,要么用许多额外服务来丰富影剧院服务(当然首先从饮食开始),要么是在大型购物和娱乐中心安排电影放映,增加"随机"观众数量。

最后，让我们来看一下一个矛盾的事实，许多中小学生和大学生说只是为了看电影而去影院，却可能想不起最近看过的一部影片的名字，但他们记得影院的名字。我们认为，这是另一个证据，表明（主要是团队观看）去影院观影具有重要的社会功能，而这时电影本身已经变得次要了，重要的是他去了一个大家都在谈论的新影院。

关于休闲的概念，即使在电影观众行为的狭义语境下，也不仅限于"填补空闲时间"，还包含各种各样的社交内容。相对于同影院竞争的另一种观看方式——家庭影院——而言，在影院观影是一种公众的休闲方式。在莫斯科大都市这样的条件下，具有相对密集的公共基础设施的城市娱乐中心是真正的公共空间。即使是这样的系统，显然也没有按照现代标准进行充分发展，而在边疆地区就更谈不上发展了。这也可以是一种集体的休闲形式。对于年轻人来说，主要是一种"探索"活动，而对于老年人来说，它主要是一种家庭休闲形式。观影也常常是一种综合的休闲方式，其中影院本身很容易与其他一些休闲形式并存，用主营服务把人们吸引过来，或作为另一种休闲方式的补充。最后，这更是一种最民主的休闲形式，影院有一个重要的优势，即观影价格相对较低，标准化高质量的服务，可以让人们不去在意调研的意见，而去充分选择自己喜欢的休闲方式。[207]

通过上面的分析，可以建立以下四种观影方式：去住宅区的传统单厅和多厅影剧院；或去位于交通干线附近的单厅和多厅影剧院；或去多功能中心（购物、休闲、公共）的影院；或去单一功能、专业影院或放映厅（儿童影院、"影楼"、情侣电影院等）。[208]如何将一种类型与另一种类型区分开来？可以通过比较它们的特性来实现。因此，区分电影院类型的标准是按它所在位置（在中心或外围）、与其他休闲活动结合的可能性（是或否）、影院服务的范围和特点，以及观影费用和相关服务。

下面来说另一个例子。现在，出现了一种新的大众活动方式——

骑马休闲活动。从达莉亚·祖宾娜（Дарья Зыбина）的研究来看，有下面几种活动类型：位于市区内的有两种——马术运动综合中心和康复中心（提供马匹用于"厌食症"等疾病的康复训练）；还有两种相似的类型位于郊外；第五种是养马场，既可提供马匹养护服务，也可以租马及提供其他服务；最后是郊外马场，主要是饲养马匹，也可以提供相关服务。在这种情况下，马场的区分标准可以根据服务的目的（运动、娱乐、康复、健身、马的养护）、普及性（在城市或郊外，便宜或昂贵）、综合性（可以与其他生活活动共存，也可以是独立性的）来设定。

上述情况说明，类型是由两个因素（过程）的交集设定的：一个是公民的行为方式，另一个是工艺能力。反过来，行为方式一方面受到生活活动的社会理念制约，另一方面受到传统的制约。随着工艺本身的发展，工艺能力也逐渐扩展。

正如我们的分析所表明的那样，为了成功地进行新的社会工艺化，并在其框架内建立住房和公共服务类建筑的现代类型学，必须要有制度的保障。目前，在苏联时期服务于城市规划和城市建设的科学和方法学研究机构要么完全被裁撤，要么处于难以为继的状态。如果不能使其恢复并得到进一步发展，就不要想可以解决这里提出的任务。

## 第五章

# 相关研究

**技术发展背景下的书籍演变**

历史上,书籍记载了许多令人赞叹的咏叹调,但在我们这个时代,它们却唱响了怀疑和悲伤的旋律。尤为令人唏嘘的是纸质书的命运,尽管它们曾在某一时期被誉为承载心灵和灵魂的王者。在很多大城市的书店里,人们经常会看到这样的情景——成摞的书堆在那里,有些时候,店主会在书店入口处的展示牌上写道"想要书的可以免费拿",但往往还是没有人去拿,直到清洁工把它们扔进垃圾桶。互联网上有一个关于电子书是否会取代纸质书的讨论,大多数参与者倾向于相信电子书终将会取代纸质书,纸质书注定很快就会过时,并且变得稀有。我们要承认这样一个事实:纸质书正在被电子书取代。然而,怀疑论者和老一代人对所有这些电子产品也持怀疑态度,他们感叹电子书缺乏纸质书特有的印刷油墨香味,没有沙沙作响的书页,不会让人感觉到手中握着的是美好的东西。在即将与作者"会面"时,纸质书能给予读者一种预感,仿佛自己已经预料到即将拥有的许多精彩的阅读体验——一种由一本书带来的乐趣、美好和热情。

这里,让我们先放下对书的情感,来了解一下书籍及其历史,对书进行理性、科学及哲学角度的认知。那么,到底该如何理解书,理解它的本质呢?因为重要的不是理解书的外在的、偶然的形式。让我们来看看书的历史,书是什么时候出现的呢?众所周知,在古代王国的文化里(苏美尔-巴比伦文明,以及古埃及文明)已经出现了写在黏土板和莎草纸上的文字,记录了生产情况和协议、解决任务的一些算法,这些算法可以计算洪水退去后的河滩面积,或者换算各种面积,以及其他经济生产中需要的资料。这些莎草纸卷轴是否就是最早的书籍呢?未必,但是吉尔伽美什神话的记录或《巴比伦的神正论》的文本被认为是最早的书籍。*[209]例如,如果生产记录可以被视为活动工具(资料、信息、知识、路径图、算法),那么神话或《巴比伦的神正论》就是另一种东西,它们是写给文化人看的,如帝王、宫廷的贵族、文士和牧师,他们花了很多钱购买来阅读,很多著名的读者,有时甚至是这些故事的编者(孕育早期古文化的土壤是荷马,以及不朽的《奥德赛》和《伊利亚特》的作者)也在讨论书中的内容。

随着古希腊罗马科学和艺术的发展,写在羊皮纸上的书籍内容及其作者迅速受到了受过教育的人士的欢迎。虽然目前尚不清楚柏拉图自己是否记录了自己的对话(据说是他的学生和听众所为),但是他和亚里士多德都是思想家的代表,他们的哲学和科学书籍在许多国家和地区都有不同的译本。《金驴记》(又译为《变形记》)是早期小说的经典之作,《辩解》是哲学对话体文学的代表之作,它们都是真正的文学典范。

在中世纪时期,人们已经开始在纸上写书了。同样也是面向识字且"文化水平较高"的人,不仅包括哲学家和科学家,还包括僧侣、骑

---

\* 1902年,一些莎草纸碎片在艾希贝赫遗址木乃伊的包裹物中被发现,它们是一份可追溯到公元前260年的有装订痕迹的文件,被西方学者认定为世界上最早的书籍。——译者

士、富有的公民、王宫中受过教育者,以及执行君王意志的人(第一批官员)。在这里,我们还观察到最早尝试让书籍为更多读者服务的实践,例如在大型修道院中,宣讲者经常要向30—40名抄写员朗读,然后这些抄本会发放给更多人。

16世纪,修道院的功能被大学和发展的城市代替,书籍的受众也发生了变化。从17—18世纪开始,资产阶级社会形成,法律、科学和艺术得到发展,新的条件和需求变得现实起来。在这些背景下,人们发明了印刷机,出现了可以满足这些新的条件和需求的新型图书。这些书籍可以面向大众读者,有更广泛的受众,印刷质量更高,价格也更便宜。正是在这一时期,我们所熟悉的纸质印刷书籍出现了。

20世纪末到21世纪初,计算机和数字技术迅猛发展,最终出现了电子书。这一奇迹般的产物竟然对纸质书表现出了"侵略性"。电子书和互联网不仅抢走了读者,还正在导致个人藏书的消失,纸质书籍的流通量减少。最后,关于传统书籍最终会消失的说法广泛流行起来。现在让我们来看看书籍的本质。我们将书籍视为一个理想的客体,进行概念化,以便进行理性的科学解释。但是,选取这些单一意义的概念,我们会考虑它们之间的相互联系,以确保其整体性。

先来说一下关于书籍的起源。很明显,如果没有文字的发明和发展,它就不可能出现。但这只是先决条件之一。第二个先决条件是个人和社会的形成,这发生在公元前6—前4世纪。从个体意识的角度来看,古代王国(苏美尔-巴比伦文明和古埃及文明)的文化危机包括对神的无所不能和庇护产生的失望,并且一些个体出现了独立行为,带来了一种新的人类学现象——独立人格的形成。积极生动的个体首先写信给自己的神。

请告诉上帝,我的父亲!您的仆人阿皮尔-阿达德(Apir Adad)想问问:您为什么忽视我呢?谁会像我一样对待您?写信给爱您的马尔杜克神\*（Marduk），请他饶恕我的罪过。如果我看到您，我会对您俯首称臣。请看一眼我的家人，看一下大人和孩子。看在他们的分上，可怜可怜我吧。请赐予我您的助力。[210]

他们还写信给自己的朋友和统治者，如希腊时期的柏拉图和阿基米德。他们开始记录口头传播的童话和故事，如吉尔伽美什神话或圣经的"作者"；随后，最早的书籍就出现了。记录口头叙述是为了保持、建构新型社会，为其设定发展方向。问题在于，社会解决了生与死的问题。举个例子，关于15世纪阿兹特克帝国的建立（居住在墨西哥山谷的社群）。

15世纪初，墨西哥人住在一个小王国里。1424年前后，伊茨卡特尔\*\*当选国王后，墨西哥人面临着一个令人绝望的选择：要么屈服于邻国暴君马克西勒（Maxil），要么与他开战。面对即将毁灭的威胁，国王和墨西哥权贵决定完全臣服于暴君，说最好把一切都交到马克西勒手中，任由他处置，也许马克西勒就会原谅他们，让他们活下去。而就在这时，特拉卡埃莱尔（Tlacaelel）王子发言说："这是怎么了？墨西哥人！你们要干吗？疯了吗！我们真的如此懦弱以至于不得不向阿兹卡普察尔科人（Atskaputzalko）投降吗？陛下，我们请人民帮忙，为了我们的安全和荣誉寻找一条出路，我们不能把自己如此可耻地献给我们的敌人。"他的话激励了国王和人民，特拉卡埃莱尔王子获得了军队控制权，开始组织并巩固加强军队，带领军队反抗敌人并击败了暴君。后来，他在宗教和政府领域又进行了一系列改革。[211]

在上述情景下，国王和墨西哥权贵代表了整个社会：在会议上，他

---

\* 古巴比伦宗教中的春天太阳神，诸神之王。——译者

\*\* 纳瓦特语：Itzcōhuātl，"黑曜石之蛇"。——译者

们决定了国家机构框架之外的国家命运问题。这恰恰是一个公开会议,重要的是说服其他人(国王、牧师、权贵、人民——这些都是不同的社会构成及社会主体),使他们作出某种决定,采取某种行动。与此同时,事关全体人生死攸关的情况下,会议中每个积极的参与者都获得了同等的权利。在社会群体面临危机或疾病的时候,人们会借助于沟通,即在社会制度的框架之外聚集在一起,试图影响彼此的公共意识,并以期改变事态。有效沟通的结果通常会改变公众认知(产生新的愿景和理解、不同的心态、感悟、信心、沮丧等),这是未来实施社会重大变革的必要条件。从这个意义上说,社会群体范围内的强大族群使社会更强大,沟通者总是会回到社会群体中,以便继续在相关机构中发挥作用。但是,与此同时,社会本身也是一种特殊的范畴,其各种力量和强度是由"此时此地"聚集在共同空间内所有参与者的即时互动(沟通)所决定的。

从社会角度来说,该如何看待个人呢?人不再是文化的基础,而是所有社会性及未来社会结构的潜在载体。如果说文化的形成还需要其他必要的先决条件(如符号学的、资源的等),那么正是人类在社会中的活动、倾向和互动(沟通、交流)决定了未来可能的文化结构,同时也就会产生新文化。但是,只有形成独立的个人之后,才能实现这一切。

正如汉娜·阿伦特(Hannah Arendt)所指出的那样,个人、政治和自由是一个整体的三个方面。例如,根据阿伦特的说法,一个拥有奴隶的家主,作为个人,他不仅是家庭的主宰,在公共空间中,他还是一个互相平等的参与者,可以作出影响地区命运的社会(政治)决定。阿伦特对政治的理解完全不是一个听广播电视上政治人物演讲的现代人所想的那样。对阿伦特来说,政治以个人的自由行为和活动为前提,而且首先是那些针对社会变革的行为和活动,其次才是主观性的行为和活动,即那些只有在其他个人(社会)的支持下才能实现的目标。[212]

但是如果个体独立行事,他的信仰往往与其他人的意见不一致,那么他该如何获得支持呢?这里需要运用一些普遍的观念(如价值观、现实的图景、历史等),来团结不同的个人,甚至是个人与社会的结合,以形成一个共同的社会空间和发展方向。但是,从本质上讲,其前提条件是个体保持独立性。正是这项任务及其他手段(如哲学、政治、公众大会)决定了书籍的诞生。一方面,它收集和再现上述普遍观念;另一方面,它是针对有文化的、有阅读能力的个体而言的;此外,书籍为社会的形成和发展作出了重要贡献。

从技术上来说,这些任务是通过两个主要过程的发明来解决的:一是在某种材料介质(如黏土、莎草纸、羊皮纸,以及后来的纸张)上书写文字,二是在方便阅读、存储、转移的空间(如存放黏土书、卷轴、纸书的箱子)把叙述(讲述)的内容固定下来[213]。展望未来,尽管书籍在几个世纪以来经历了无数次变革,但这两个过程仍然保持不变。例如,目前读者感兴趣的书可能位于另一个大陆,作为云技术中的程序和信息而存在(云技术是这样的:在您的计算机上可以不安装任何程序,只需要一个互联网入口。所有重要的东西都可以存放到互联网上,网络覆盖了整个世界,可以在任何一个地方获取所需要的东西)。而且读者随时可以打开自己屏幕上的文本来阅读,就好像他打开并正在翻阅纸质书一样。换句话说,这两个操作几乎相同。

书籍的出现似乎并没有更多地改变个体的感受和认知。甚至柏拉图也这样认为,戏称他的天才学生亚里士多德为"书虫"。而事实并非如此,书籍彻底改变了读者的认知。M. 马马尔达什维利(M. Мамардашвили)认为,在书籍的怀抱中,独立的个体形成了(小说、文本或作品是改变自己的机器)。[214]他这样说并非毫无道理,也没有夸大其词。那么书籍改变了读者什么呢?请注意,书籍是一个充满事件的封闭世界,一本书就是一个世界。此外,阅读书籍是线性的过程,读者逐渐进入书中的世界,了解那里的世界,并生活在那个时空里。最终,在书籍的影响下,人类的意识开始被划分为不同的现实(世界),而时间性这样一个基本的认知性质被揭示出来(构成)。圣奥古斯丁是最早意识到这一点的学者之一。实际上,他在《忏悔录》中表明,他的生命不是单一的,而是分裂成不同的现实并在时空中扩展开来,他生活在这些不同的世界中,他的"我",好像是不同的(过去圣奥古斯丁不相信上帝,而现在他开始信仰上帝,可能还会更加虔诚)。有趣的是,这种自我认知不是在圣奥古斯丁写《忏悔录》之前产生的,而是在撰写的过程中形成的,它也同样出现在读者的阅读过程中。我们可以认为"我"是由书籍带来的认知变体。一个新的记忆结构正在形成——书籍成为一个记忆的过程。阅读文本时,读者必须想象与之对应的现实事件。当然,听口述历史时也会产生这样的想象,但是与书籍带来的想象和记忆相比,可能经历的各种事件和波折要多出不只一个数量级。书籍对思考的影响也是巨大的,通过在书籍中进行推理和建构其他思考,柏拉图和亚里士多德不仅创造了最早的哲学和科学范例,而且表明科学书籍是建立新思想的最好工具。

如果谈到对社会的影响,那么不仅要提及书籍,还要包括图书馆。这一机构促进了社会中新社会实践的形成,例如科学。据历史学家估计,在古希腊时期的亚历山大里亚的图书馆,有多达70万个卷轴的手写书。正是在这个时期,出现了欧几里得(Euclid)、希罗(Heron of Alexandria)和阿基米德等众多著名学者。

在书籍发展的最初阶段,它实现了两个主要功能:促进社会的巩固及引导个人的发展。书籍的作者在创作过程中,以及读者在阅读中,很快就会自然地发现,书籍可以带人们去旅行,提供娱乐,成为学习的必需品,蕴含着无限的可能。

然而,到目前为止,我们一直谈论的其实是手写书。为什么它最终被印刷书所取代？在这里，主要的原因可能是社会和个体的民主化，这一过程的开始可以追溯到 15—16 世纪。在此之前，欧洲社会是以阶级划分为基础的，识字的人比现在少得多，最重要的是，识字和阅读书籍被视为上层阶级和富人的特权。但从上述时期开始，出现了完全不同的图景。自由民主体制正在形成，平等和自由的原则出现了，每个人作为公民和社会成员的权利正在得到捍卫，包括个人受教育和参与社会事务（议会、选举等）的权利。阅读的能力成为必须具备的能力，并获得了国家的支持。因此，书籍的受众数量呈指数级增长。在这些条件下，手写书根本无法满足新的需求，即使让 30—40 名抄写员去抄写它，也无济于事。

但还有一个更重要的情况。对平等权利的诉求，以及新的教育和生产机构的出现，这些条件培育了大批书籍受众。反过来，满足他们的需求又促进了生活的工艺化，并且渗透到建筑、工业、教育（包括书籍的生产）等领域中。如分析所示，工艺化的特点是大规模、高质量、标准化的工业制造。早些时候发明的印刷机完全满足了这些要求，它可以通过工业方法获得所需质量的书籍，且制作数量可达百万册。从这个意义上说，印刷书是生活民主化和工艺化的"血肉之躯"。

我们目前正在经历另一场革命，它也许将更加宏大。从上述相关话题来看，可以关注以下几个主要方面：首先，在全球化进程的影响下，以及公关、广告、宣传、意识形态等大众管理的社会工艺的发明，加之被监控的选举和司法程序、模仿民主制度等因素，国家获得了掌控社会的权力，社会本身陷入危机并开始逐渐走向消亡。[215]因此，作为书籍的主要功能之一的巩固社会的作用也随之减弱了。

在依赖新的计算机信息技术（如移动通信、互联网、电视等）的同时，正在形成新的共同体（网络）。在这些共同体中出现了团结人们的新形式和方法。很显然，在目前的情况下，在我们所研究的这种趋势下，纸质书是无法与互联网竞争的，互联网已经接替了它的许多功能，包括通过互联网访问图书馆、阅读各种书籍。

如上所述，电子书登上了历史舞台，它不仅获取了纸质书的功能，而且还可以模仿它。如果您想要有翻书页的感觉，那么好，现在电子阅读器屏幕上的页面变换可以伴随着视觉翻动的效果。如果您希望文本可以如纸质书中那样没有辐射，那么好，目前正在研制不伤害眼睛的电子纸和墨水。[216]相信在我们这个世纪，电子书的技术可能会迎来新的突破。现在还出现了电子书平板电脑（如 Kindle），外观和感觉似乎与纸质书没有什么不同（想看多少页都可以，甚至可以重现印刷油墨的气味），但实际上它是一个平板电脑书，可以下载互联网上任何一本书。也就是说，一个电子书平板电脑几乎可以阅读所有数字书籍。

这是否意味着纸质书即将消失？虽然纸质书将不得不努力跻身电子书市场中，为自己寻找新的生存环境，但它并不会消失。事实是，纸质书是伟大的文化和传统的载体，它使所有之前的文化和传统得以从古代保存到现代，并得以传承。总体来说，我们谈论的书籍将有漫长的生命力，只要个人和社会还存在。

### "深蓝兔子"是工程产品还是艺术作品？

我们应该把"科学艺术"作品归于哪个类别呢？它属于艺术、技术，还是科学？例如，一只植入海洋发光生物体基因的兔子，当它进入紫外线照射的区域，身体就开始发出蓝色的光。还有其他一些著名的科学艺术作品，在创作中，不仅涉及艺术家的品位，还会涉及现代技术和科学知识，而且通常相当复杂。实际上，任何艺术作品的创作都会涉及某项技术。但值得关注的是，艺术思想与技术思想并不相同，它属于人文科学领域。有必要创造一种特殊的现实，即没有艺术就无法实现的现实。

在"自由式舞蹈"中(舞蹈家伊莎多拉·邓肯的保留节目),技术将观众和共同舞蹈者带到音乐及神话时代的现实中,使他们目睹了美丽的主人公经历的标志性情节。例如,在古典芭蕾、艺术体操中,以及在同样自由的舞蹈中,常常会借助某些专业的技术,使人类获得飞行的惊人效果:人不是鸟,却能飞到空中,掠过地面,就好像在翱翔一样。如果没有相关的技术(也包括心理技术),是不可能在神秘的现实中体验这些故事情节的。鲁道夫·施泰纳(Rudolf Steine)在《神秘学》(*Occult Science*)中描述了神秘之路的第一阶段——"意象认知"(imagination cognition),把人带入无形的、更高的精神世界,他描述了象征性的呈现,与艺术作品非常相似,这里使用的不是其他工具,而是心理学技术。

"我们来想象一下,"他说,"一个黑色的十字架。让它成为摧毁低级欲望和激情的标志形象。让我们在心里想象,在十字架的横纵梁相交的地方,七朵盛开的红色玫瑰排列成一个圆圈。让这些玫瑰成为鲜血的标志形象,表示乐观、纯净的热情和渴望。这是象征性的表示,需要从灵魂中唤醒……沉浸在想象中时,要排除其他所有形象。心中应该只有一个所描述的象征性形象,并使它尽可能生动地浮现在脑海中。"[217]

科学也经常为艺术服务,特别是自文艺复兴以来。文艺复兴时期的著名艺术理论家莱昂·巴蒂斯塔·阿尔贝蒂(Leon Battista Alberti)认为:"每一种艺术或技术,都源自偶然性和认知;它们的老师是实践和经验,而其发展却得益于知识和推理。"[218]苏联艺术史学家 T. 兹那梅洛夫斯卡娅(Т. Знамеровская)指出,在文艺复兴时期的艺术中,科学观的影响如此巨大,以至于当"观察"与"知识"产生分歧时,艺术家通常更喜欢知识数据,而不是观察结果。她认为,重点是符合"理性主义和形而上学的思维性质,这也是当时经验主义认知和对自然的科学思考所固有的特点"[219]。

研究印象派早期作品时，卡斯泰尼亚（Castiniari）惊叹："自然主义学派是如何出现的呢？它是现代理性主义的产物。"法国文艺理论家埃德蒙·杜兰蒂（Edmond Duranty）写道："从视觉的精确性，以及对色彩的观察力来看，这完全是一个不同寻常的成就。最博学的物理学家也无法反驳他们对光的分析。"法国印象派大师卡米耶·毕沙罗（Camille Pissarro）这样评价并描述法国印象派画家莫奈的作品："这是一种基于研究和观察的艺术。"[220]

然而，艺术、技术和科学之间的关系从来不是一成不变的，在每个时代及其文化中，它们都是被重新创建的，通常是按"自然-人造物"路径建立的。众所周知，艺术作品既是一种人造物，又是一种技术产品和科学认知。美国舞蹈家邓肯有一次与她的对手争论时，祖露胸口说："这就是艺术！"邓肯大概想表达，艺术应该像自然本身一样自然，然而在我们这个时代，美丽的乳房是可以通过现代整形手术创造的。一名现代的外科医生会这样反驳她：一件真正的艺术作品是在现代医学和科学技术的基础上创造出来的精致产品。因此，必须重新理解艺术、工艺和科学之间的关系。

在过去的两个世纪里，这个"三位一体"之物的每个组成部分的差异和特殊性已经比较清楚了。科学研究的是自然现象，追求的是真理；技术是在研究和技术实验的基础上创造出有用的设备（机器、机制、结构），技术知识的意义不是根据真理来评价，而是根据有效性来评价；最后，艺术创造的是一种作品和艺术现实，经常会使用到技术手段，有时也借助科学知识。正是在对艺术现实的存在尝试进行思考时，诞生了模仿的概念。但是，这个概念实际上从存在方面为艺术赋予了次要的角色——它只是对存在的一种模仿，而不是存在本身！然而，在20世纪，这一观点正在逐渐被打破，首先是承认了艺术现实的相对自主性，之后又确定了艺术现实的充分价值。而且，艺术作品如果是与时俱进的,就会唤醒人们,让人们重新看到、听到、感觉到,并对颜色和声音作出反应。

这样看来,发光的蓝色兔子既是艺术,同时也是技术和科学。也就是说,它是三个领域融合的产物。但是,当谈论艺术、技术和科学时,科学艺术(Science Art)的具体含义又是什么?这里的中心环节是技术。技术,作为工具和机器的传统概念,目前已无法满足哲学家和科学家的需求。今天,技术除指传统现实外,还包括技术环境、复杂的技术系统、工艺和部分自然科学,甚至包括大城市中庞大的动物种群,尽管这听起来可能令人难以置信。我们需要什么样的技术概念来涵盖技术中的所有这些构成,以及解释它的发展和对过去及现代生活的影响?事实上,为达到这一目的,一方面技术应该被视为人工制品,另一方面应该作为一种媒介。[221]

在把技术描述为一种人工制品时,马克思指出,大自然既不制造汽车、机车、铁路、电报,也不制造农产品;而人类历史与自然史的不同之处在于,前者是我们创造的,后者则不是。所有这一切都很正确,但是这里掩盖了一个事实,即技术不仅是由人类创造的,而且还是一种独特的自然(第二自然、第三自然或社会自然)。如今,技术作为一种人工制造物,不仅被认为等同于第一自然,而且作为一种现实,它比第一自然的事物更加自然和直接。自20世纪以来,技术的出现和发展被认为是一种重要的现实,而且是占大多数的现实。

技术作为一种媒介的概念,指的是在技术设计与其实现之间创建手段和间接路径,这一特点可以通过发明飞机的例子来说明。人类飞行的想法早在有能力建造第一架飞机之前就出现了。自古以来,就有关于人变成鸟的神话,且流传至今。在古希腊的伊卡洛斯的神话里,伊卡洛斯为了飞翔,用羽毛和蜡做了翅膀,而其确实飞了起来。但这不是真实的,而是在神话的空间中,也就是在想象中飞起来了。后来,到了文艺复兴时期,达芬奇设计了一种可以飞行的机器,能像鸟一样拍打翅膀。最终,在19世纪末到20世纪初,工程师们提出了一个想法,通过对机翼、螺旋桨和发动机的计算来增加提升力,这使得制造第一批飞行器成为可能。换句话说,为了实现一个技术思想(这里指的是飞行),必须要先发明一个专门的技术设备(如翅膀、达芬奇的"扑翼"、飞机)。也就是说,作为媒介,技术把设想和实现联系起来,并要求创建保障其实现的技术装置。在这种情况下,设想和实现不仅被理解为人类的有意识的行为(发明),而且最重要的是,它们同时也是作为文化的各种组成部分(思想、活动、科学、技术本身)的演化。

从媒介的概念来看,即使家庭宠物也可能成为一种技术。大城市中的"宠物"指哪些动物呢?最受欢迎的宠物是狗吗?你也许会说,狗是动物,它非常聪明。而笔者认为,狗是一种现代技术的产物。让我们来比较下一辆车和一只狗。一位工程师设计并创造了人类需要的汽车类型,但今天一位犬学专家也可以设计并培养人类所需品种的狗(大狗、小狗,以及具有指定功能或外形的狗等)。我们给汽车加上指定牌号的汽油,用某些食物(干粮、罐头食品、维生素)喂养狗,严格确保我们的宠物不会在街上吃一些"不该吃"的东西。我们要在城市里开车,就要先去学开车,而狗也需要接受训练,接受皮带的教训,才能服从人的命令。最后,我们得到了关于汽车和狗的"文件"(疫苗接种证、品种和血统的证明等)。

当我们与宠物沟通时,很明显它们是我们最喜欢的动物。但是,如果我们谈论的是群众性的过程,关于城市的安全、模式和标准,那么宠物就是一种真正的技术。它们被设计和"制造"成一种我们活动的产品和工具。但创建一个发光的蓝色兔子首先需要构思想法(设计)并将它付诸实现。此外,为了实现这一想法,一方面,必须要研究兔子和海洋发光生物(科学)的基因组;另一方面,需要使用相当复杂的基因工程技术。但是,为什么它不仅仅是一个原创的技术产品(小工具),而且是一件艺术品呢?

首先,这件作品中蕴含着构思这个设计并将其实现的创作者的艺术个性。从这方面看,蓝色兔子可以被认为是一种独特的个人创作。其次,作者在分享并创造的这一美学理念,试图实现自己的一系列审美观点。例如,他希望兔子可以发光,这样会更漂亮,而这一想象力带给观众强大的震撼力,它被认为是一件超现代的工艺作品。再次,通过将兔子送去展览或在艺术画廊中展出,作者创造了将其变成艺术作品的条件。例如,跨人文主义者热衷于技术进步,认同在其基础上解决永恒问题的某些观点,他们可能会把蓝色兔子作为未来可控人工器官的前身来体验。蓝色兔子因此成了一个特殊的新艺术现实事件。当然,并不是每个人都可以把蓝色兔子当作艺术现实来感知和体验,只有一部分人可以做到这一点。但是,谁又能说其他艺术作品就必须完全被每个人感知和体验呢?相反,现代艺术流派往往有自己的艺术受众圈,但其范围相当狭窄。最后,通过一些艺术家和艺术史学家的努力,一种特殊的艺术流派正在形成,即科学艺术。这包括科学艺术的宣传、展览、相关论文的发表,以及关于此类话题的讨论。我们在前面讨论现代艺术的特征时提到过,必须要进行不同的释义和概念化,研究观众的反馈,将艺术划分为真实艺术和人工构成艺术,这些都是科学艺术的特征。

让我们再次回到邓肯关于比较乳房与美容作品的话题。一件产品用什么方式和材料制成——是由自然创造的(在自然的框架内)还是由艺术家用人工材料制作而成的,这有什么区别呢?而且,为什么生物有机体不能被用作艺术材料?先来回顾一下俄罗斯人文艺术大师巴赫金在《艺术与责任》(1919)中所提出的:"人类文化的三个领域只有在将它们结合在一起的人类的身上才能获得统一。诗人必须记住,生活的庸俗平淡是诗歌的罪过、艺术的贫乏,罪在于其无用,以及人们没有认真地深入生活。个体应该具有强烈的责任感,他的所有方面不仅应该在其生命的时间序列中存在,而且应该在过错与责任的统一中洞悉一切。"[222]

海德格尔在《技术与追问》中,指出现代技术将人变成了"座驾",剥夺了人的自由,使其为技术需求所累,甚至威胁自身生命(作为风险的技术)。技术如何能决定我们的需求?要知道是人创造了技术,而不是技术创造了人。当工程师设计一个产品时,他知道它将实现什么功能,以及它应该如何工作。也许哲学家混淆了技术和它的创造者?人就像上帝一样,构思并创造了整个世界,创造了技术,并凌驾于其上。但是事实并非如此,这里有一个简单的例子:切换电视节目的遥控器的发明。很明显,工程师们想做得更好,让人们可以不必从沙发上站起来就能切换电视频道。这个任务他们成功地完成了。然而,与此同时,遥控器从根本上改变了我们与电视的感知和互动方式。显然,我们常常发现自己不自觉地试图同时观看三四个节目,甚至只是想浏览一下电视,就可以看到为我们提供的所有内容。工程师们未必想要达到这样的效果,而观众们却想实现这些。

最后,当然还有一个常见的情况:指责现代艺术缺乏道德性、助长了暴力和性,包括用新奇、怪诞、刺激性、冷漠的事物等来代替美好的事物。这些指责是否属实?现代艺术是否真的在为撒旦服务,使人类的心灵处于毁灭的边缘,引导个性向病态发展?一方面,我们的确看到艺术家们经常通过美化细节和渲染的手段来表现性、暴力和现代人生活及生存中的其他黑暗面,使它们在观众和读者(特别是未成年人)眼中更具吸引力;而另一方面,我们也不得不思考,如何能让一个人明白,自己拥有的一切也许并没有达到艺术作品中主人公的程度,如何让他们正视和面对生活的这些阴暗面。现代人很久都没有感受到干巴巴的道德和情操说教了；人们被艺术带入模拟的事件中，再也无法回避体验和思考具有伦理意义和色彩的问题。

总之，除"艺术-技术-科学"这个三位一体之物外，我们是否应该提出一个根本性的问题：我们期待和需要的是什么样的艺术、技术和科学？艺术创造是为了什么样的生活和个人服务？现代艺术家是否需要对生活负责？也许，发光的蓝色兔子不仅仅是一件标新立异的现代艺术作品，它还代表某种未来的、一种生命形式的选择？这里的对立择一性是很清楚的：一方面，它能带来一种感官刺激、实现思想之旅、进入不寻常的极限状态，如获取快感、冲破边界、实现被禁止事物的愿望等；而另一方面，它应是健康的生活、合理的限制、生活自洽，以及与他人和谐共处，尊重文化禁忌和边界。

这种二选一的抉择，答案可能是这样的：我们没有权利走其他的路，这并不取决于我们自身。我们的好奇心、兴趣，以及对探索"紧闭的大门"之后的未知事物的渴望，都是难以抑制的。未曾发生的事情是无法吓唬住人的，这就是我们的命运。在此，可以借用格兰特的话："语言在这里无能为力，因为我们现代人长久以来一直在嘲笑'命运''劫数'这些词，说技术是我们的'命运'，这听起来很奇怪"[223]，可以说'我们的命运是不顾风险，坚持走我们正在走的路'。"

按照巴赫金和海德格尔的观点，另一个答案是：最终的选择仍然掌握在"作为个体的人"手中，但为此他必须"揭示艺术（技术、科学）的本质"，并且"觉悟过来"，重新"感受自己生活空间的广度"。这意味着，要牢记并理解自己的高级价值，舒适感、对自然的控制、对世界的掌控这些需求则要放到次要位置。与此同时，必须要区分现代艺术的三个主要方向——传统艺术、后现代艺术和真实艺术。传统艺术延续了即将消失的文化和现实的路径，后现代艺术同时促进了新的、非建设性的趋势，真实艺术是新文明和新文化中正在形成的艺术。

后现代主义有两种不同的趋势：一方面，存在对传统思维和认知形式的批评，同时也提出了关于现实的新思想，客观上促进了发展；另一方面，后现代主义者培养了某种破坏性、反文化和反人文主义的价值观，这些价值观只能导致"死亡"（当然，我们不是在谈论生物死亡，而是在谈论破坏文化、社会和人类的过程）。后现代的创作通常不仅建立在想象力的自由发挥上，而且建立在对既定艺术形式、流派和作品的破坏上。通过引用、模仿、嘲笑、解构，那些难以想象的事件，实际上利用了文化中已创造的形式和作品。

当然，正如一些艺术史学家所指出的，艺术过程向表演的转变是可以理解的。这里有两个方面：首先，表演者与观众互动，不仅团结了艺术观众，而且巩固了在现代技术（互联网、电视等）基础上形成的"网络群体"；其次，表演者不仅仅是把作者的想法展现给人们，还创造了一个与自己相关的艺术现实，也有部分是与观众相关的。同时，作为一项规则，作者的意图要么被重新创作，要么被修改，通常来说，它已不再是完全复制作者的文本，而是基于它所创造出来的另一个独立的现实。

如果后现代艺术孕育的是不和谐和死亡，那么真实艺术解决的则是其他问题。其中一个主要任务是创造新的生命形式，赋予个体力量、能量、精神愿景、个性培养等。真实艺术的另一个任务是创造一种现实，使人类可以到新世界旅行，体验不寻常的事件（如果不具备这个功能，艺术就不会存在）。此外，真实艺术还承担着为实现个性和"精神向导"而创造条件的任务。

作为精神向导，它使人们自省、思考生活及其目的和意义；它致力于发展文化和人类的福祉；是实现预期的生活场景（脚本）的愿望，追求从中产生的有真正价值的事物；是对自己生活体验的思考，以及不断地重塑自我。在这类实践的框架内，人是一个独立个体。普遍的观点认为：人并不是因其所承担的职能或遵循自己的社会角色去行事，而是根据所感受到的对现实的看法,去建立自己的生活,并理解这个世界。继海德格尔和马马尔达什维利之后,俄罗斯心理学博士布泽里(A. A. Puzyrei)这样说:"它在这一创建过程开始的地方形成了",这时人类将"再次诞生",获得"重生"。

综上所述,在现代对立择一的实验艺术框架内,艺术、技术和科学结合得越来越紧密。然而,它们的新综合体(配置)要解决一系列基本的伦理问题。现代艺术家面临着一个原则性的选择:他们将为什么样的生活而工作,他们将为什么样的未来作出贡献?新的综合体要求我们重新塑造艺术、技术和科学,以及我们自身。这也意味着,未来我们生活中的艺术、技术和科学,未必是今天这样的形式,也不一定是在科技文明的框架内。事实证明,在科技文明的框架中,社会性本身与技术、自然科学和艺术的"座驾"紧密相关。然而情况并非总是如此,这种联系未必会在未来持续下去。

最后,来谈谈现代艺术家的责任问题。也许这不是一个现代艺术的问题,而是一个更普遍的现代人的伦理问题,艺术家无力应对时代的巨大挑战,常常选择对这些挑战视而不见。一个艺术家不仅是艺术的创造者,还是一个独立的个体,他必须面对职业追求和生活需要的取舍,因此常处于内耗并感受到内心的矛盾。在今天,很难说在这种情况下应该做些什么。在这里,我们必须依靠人类固有的生命自我保护的本能,当然还要依靠思考、反思和职业文化。在某种程度上,艺术家应该了解自己的大胆尝试对涉世未深的观众(读者)来说,会带来怎样的文化后果。现在的艺术家并不明白这一点,也不想去了解它。在这里,不可避免地会遇到来自同行或他人的友善批评。然而,要求现代艺术服从于伦理是不可能走得太远的,效果只能适得其反。艺术是一件微妙的事情。但艺术家作为一个人,有必要被要求行为合乎伦理。这也正是他们作为艺术家应承担的责任。毕竟,艺术应该为文化和人类服务,而不是摧毁它们。

## 互联网作为技术工具及有生命力的星球有机体[224]

下面谈论的不仅是互联网,还包括可以访问互联网的移动通信。我们和许多人一样,是互联网和移动通信的普通用户。唯一不同的是,我们试图了解它是什么,以及这种技术及其工具所带来的后果。当然,我们并不是唯一在思考这种正在迅速征服我们的新技术的人,我们可以把这些试图理解和思考自己存在的人称为"用户+"。为什么"用户+"充满顾虑且不安地审视这个无形的"星际怪物"——互联网和几乎人手一台的手掌大小的移动通信工具(无论是城市居民,还是撒哈拉游牧人)?为什么不能充分利用这些令人惊奇的、可以与全球任何人联络的现代文明和科技的成果,访问世界著名图书馆或阅读其他信息,创建网络团队,与朋友交流,采购和销售商品,足不出户地解决许多商业和科学问题等?这是因为目前,这个令我们惊叹的客体所伴随的不便和潜在威胁,正在逐渐被认识到,并引发各种讨论。下面举几个例子。

一旦我们打开手机或互联网,我们的坐标和许多其他数据(护照、账户详情,以及关于我们生活的各种信息)就会立即被人知晓。很难说这些信息被传到哪些网络中,究竟被谁知晓。也许是美国的情报部门,也可能是一些追踪潜在恐怖分子的国家部门,也可能是描绘消费者特征的网络商店(这在日本已经是一种常见的做法),也许是其他人。而且,我们的位置坐标精度将很快能够达到1米。

我们越来越成为电子强权的受害者。两年前,一位用户的电子邮箱被黑客入侵并遭到破坏,原因是他拒绝向未知访客提供他的手机号码。这类案例还有很多。电子敲诈勒索案件更是层出不穷,特别是对于不熟悉现代技术的领取退休金的老年人,不法分子常以虚假援助为幌子骗取其账户资金。与电脑病毒的斗争往往以用户的失败告终:计算机最终可能完全坏掉或不得不送去修,而用户则要支付高昂的维修费,甚至面临所需要的信息丢失的问题。就国家机构而言,许多病毒只是表现出运行效率下降。例如,新闻界曾经报道,以色列科学家开发并向伊朗网络发送病毒,这些病毒不仅向摩萨德传输了他们需要的信息,而且还摧毁了伊朗核项目中使用的关键程序,使该项目的发展延缓了好几年。[225] 从一些研究来看,网络病毒只会越来越多。在互联网的早期,可能只有几百种危险的病毒存在于网络中,时至今日,可能已经出现了成千上万种病毒。一天之内,会有大约 8 万个不同的程序和病毒访问安全薄弱的网站,而大多数的网站都是不安全的。它们会寻找用户程序中的漏洞,然后渗透其中并获取需要的信息,或者进行破坏。其中有些"电子寄生虫"是由专业黑客编写的,有些是由业余爱好者创建的,还有一些已经被遗弃了很长时间,就像在地球近外太空完成服役后被遗弃的卫星一样。

现在,可以测量人体血压、脉搏和脏器状态的软件及装置(手环、微芯片等)的研制进程正在快速发展。工程和微工程设备的发展已经同时开始,可以根据程序创建实体的真实产品,或者控制微型装置(未来将达到纳米级),不仅可以显示人体状态,还可以作出必要的处置,为此,正在开发相应的数据库,现在具有治疗功能的微装置也在研究中,例如,微剂量药品注射、疼痛阻断等。看来,还是有很多值得期待的事。与此同时,个人融入全球电子网络,错误的代价也随之增加了几个数量级,因为这个系统的实现需要进一步将个人转变为"座驾"[226],并将其健康进行工艺化。关于这一情况,无从辩驳,现代个体实际上既是技术,也是"座驾",但同时还是独特的生物体和个体,对其治疗不能不考虑这一情况[227]。人类已经进入到一种应该深入思考这些新现实和情况的阶段了,我们可以找到足够多的例子来理解这一点。

让我们从互联网和移动通信作为现代工艺的特点开始研究。这项工艺可以被认为是一项迅猛发展的全球性技术。正如研究表明，必须要区分两种工艺——狭义工艺和广义工艺。狭义工艺是在大规模工业生产的情况下发展起来的，要求保证产品质量以及节省资金。技术方法常常要将总体工作流程拆分为一些单独的操作流程，并为其实施创造条件。那么现在，广义工艺指什么呢？

在工业最发达的国家实施重大的国家技术方案和项目时，人们认识到新技术现实的存在。研究人员和工程师们发现，工艺过程、操作和原则（包括新的操作和原则）与该国家现有的科学、技术、工程、设计和生产的发展状态紧密相关，也与各种社会和文化过程及系统之间存在着密切的联系。随着广义工艺的发展，技术和技术知识的创造，以及其运行机制和条件发生了根本性的变化。重要的已经不是建立自然过程和技术结构（如工程活动中的）之间的联系，也不是工程师针对所创造产品（机器、机械、构造）的主要过程和结构所进行的研发和计算工作，而是把已经建立的理想技术对象，已形成的研究、工程和设计活动的类型，技术和发明过程、操作和原则进行各种组合。科学、设计、管理开始服务于这一复杂过程，与其说是由关于自然过程的知识决定的，不如说是由技术内部发展的逻辑决定的。这种逻辑取决于技术本身的情况、技术知识的特点、工程活动（研究、开发、设计、制造、操作）的发展，以及各种社会文化系统和过程的特征。创建和形成具体的广义工艺类型，例如在"最新技术发展区间"进行的汽车制造和维修、航空、火箭科学、自动控制系统和计算机技术的各种研究，形成了工艺发展突破的活动和条件。[228]

目前，互联网和移动通信也进入了技术发展的前沿领域，因为所有条件都已经具备，例如新技术、知识、资源和基础设施的保障，这使我们可以在这些领域内取得真正的突破和快速发展。移动通信和互联网这两个系统的自动化就是这样迅猛地发展起来的，而与此同时它们也对自动化技术产生了反向影响。机器人和人工智能是复杂的程序(包括实体工程装置或电子形式),可以自动化处理工作流程,在某些情况下取代人类的活动,执行危险或繁重的操作,或者完成高速运转的流程。现在,互联网和移动设备上的许多操作和过程都是自动化处理的。

但是,在更早些时候,电力是互联网和移动通信发展的先决条件,它使人类不仅可以创造出人造动力、运动(电机)及光源,而且制造出了最早的网络(电网)。然而,在最新的互联网和移动技术领域中,最重要的组成部分是计算技术、信息传输、图像识别等。到 20 世纪末和 21 世纪初,上述活动和创新以及其他相关活动和创新,包括意识形态、现代管理和财务能力,形成了技术突破的综合条件,在这一波浪潮中创造了互联网及移动通信系统。也就是说,我们所谈的客体需要的最新工艺发展区已经形成了。

互联网(包括可以访问互联网的手机)还有一个特点也是非常令人惊奇的:它是一个复杂的技术系统,这是显而易见的,但是它同时也是一种有生命的有机体。这个想法产生于对几个众所周知的方面所进行的思考,包括传输信息文件包、在云中存储信息、成千上万的程序和病毒访问网站。正如我们上面提到的,寄生病毒的数量和复杂性不断增加,与此同时,人们也建立了越来越强的网络病毒防护技术。我们以第一个方面为例。信道模式是在客户端和基站之间构建可靠(硬)连接(信道)"pir-tu-pir"(点对点),与此不同的是,数据包模式使用了基于该可用信道的虚拟信道。

在网络中,为了建立虚拟信道并传输数据,使用了信道和数据包交换的方案。当信道切换时,首先建立发起者和收件人之间的通信,然后才能开始数据交换(或具有电话连接的通话)。信道可以通过铜芯线、光纤或无线电实现。

真正的交换器有数百个甚至数千个输入/输出信道。当需要从大量信道同时接收数据时,交换机可能无法应对这种情况。在数据包交换时,同一信道可能被大量用户同时使用。这时,过载已经成为常态,不再是个别情况。在现代系统中,信道和文件包交换的方法经常被结合起来使用。

数据包是一个由0和1组成的序列,而在所有网络中,必须解决数据包开始和结束传输的提取问题。通常,为此会使用单一比特序列或单一代码。几乎所有的网络,无论用哪种方式,都要解决数据的多路传输问题,通常,这也决定了访问网络的算法。

使用数据包模式的网络工作原理大致是这样的:生成的数据包"位于"一个空闲信道并进入网络。通过专用代码、程序和算法建立的系统,识别出数据包并将其发送给收件人。[229] 有趣的是,在开发这类程序代码、程序和算法时,也采用了各种生物和心理学模拟。

从某一角度来看,似乎可以把数据包比作一个有生命的机体,而把互联网比作一个复杂的环境——类似一个拥有大量有机体数据包的有机体,就像一种人造的索拉力星*。但是在云中存储信息也涉及数据包传输。与众所周知的通过服务器传输和存储数据的模式不同,云数据存储通常对于客户端来说是不可见的。在所谓的云中进行信息存储和处理,从客户端的角度来看,这是一台大型虚拟服务器。从物理学角度来看,这样的服务器可以设置在相距较远的地方,甚至位于不同的大洲。[230]

如果从装置和程序的角度,特别是从病毒的生命角度来看,互联网的活体本质就更加显而易见。程序就像有生命的有机体一样,必须被

---

\* 《索拉力星》(又译为《飞向太空》),该影片于1972年在苏联出品,2002年美国翻拍。索拉力星是一颗蕴藏着神秘能量的液体星球。这个星球的太空旅行不仅是对人类自然疆域的探索,更是对人类潜意识的深入研究。——译者

复制（这一点你可能非常了解，尤其是当你的程序由于某种原因停止工作时），它们有自己的生命周期——从记录到删除的那一刻，它们汲取能量（电），通过病毒（或防病毒）的形式复制繁殖或"吞噬"其他程序，通过网络移动，可以扫描其他程序，传输有关它们的信息，有自己的生态位。在互联网上，正进行一场真正的电子生物战争：有些程序正在寻找另一些程序的弱点，吃（摧毁）掉它们，而有些程序则要防御这些"电子强盗"，捍卫自己的领土。很明显，这场战争中任何一方的最终胜利都不会威胁到整个互联网。

当然，理解互联网如何从一个复杂的技术系统变成一个活的有机体是很有趣的，或者更确切地说，在维持一种技术的同时，它也变成了一个活的有机体。那么，我们已经指出了其中一个先决条件：互联网的电力基础。电力给予互联网生命和能量，电网和无线电频道（如 Wi-Fi）创建了路径和互联网生命区，而且计算机和计算机程序本身的工作也建立在电的基础上。可以这么说，电是互联网生活的培养基。但是，很显然，互联网的根基并未仅仅归结为这一点，还有作为其构成的计算机和服务器这些"硬件"，以及作为通信线路的电缆和卫星。

第二个前提可以称为"基因组"条件。研究表明，人类基因组是这样工作的：脱氧核糖核酸（DNA）包含构建人体细胞结构所需的信息，DNA 中包含的基因控制着体内的所有化学反应，决定了我们的身体结构和功能。[231]在计算机和互联网中，程序也基于类似的原则：一些程序管理另一些程序，后者又管理创建文本和图像的处理器。但是，在这里完成"基因设计者"功能的不是大自然，而是被科学技术武装的人类。[232]但是在创建程序时，人们不会任意行事，常常受限于文化，因为开发计算程序要响应时代的挑战，并满足其他生产需求。而且，人们还要遵循传统，继承之前的成果，并在其基础上实现下一步的发展。事实证明，计算机程序的创建及运行是按照自身逻辑，而不是直接再现生活过程。它所再现的不是生物过程，而是社会过程。因为计算机程序的创造者和开发者研究的并不是生物有机体的构建，而是可以再现（模拟）的活动和语言的效果、思维过程、交流条件和其他社会结构。另外，在他们的工作中，也经常使用生物模拟的方法。

第三个前提是社会条件。虽然最早的互联网已经关闭（曾在军事领域使用），但是很快它便发展成为任何用户都可以访问的开放系统。而且，用户还可以匿名登录网站，用自己的"尼克"或"阿凡达"等名字上网。[233]结果，互联网变成了一个类似"希腊人民大会广场"的全球平台，世界上任何地方的任何人或团体都可以在此访问和交流。在理想情况下，他们可以完全自由地表达出自己的想法，而不必担心被流放或受到惩罚。如上所述，美国政治理论家阿伦特的研究表明，政治生活起源于希腊，在那里，摆脱生活束缚的公民（因为他们是主人，且拥有奴隶）可以在大会上表达自己的意见、互相交流、说服对方、参与地区生活相关的决定。从某种意义上说，互联网使人们有可能在不同的地域层面（城市、区域、地区、国家，乃至全球）恢复政治生活，直到普及全球。即便这种政治生活暂时受到限制，但作为开始也很重要。

互联网访问的开放、自由和部分匿名的特点，使得它可以被完全不同的主体用于不同的目的：有人用它来解决生产或创造的任务；有人用它进行交流；有人用它去偷窃或搞破坏；有人用它娱乐和玩耍；有人用它呼吁和谐生活；等等，各种各样的人都在通过互联网做自己想做的事。任何一种人造的技术系统都无法满足如此多样化且矛盾的愿望和活动，只有在互联网技术的基础上形成的生物有机体才可以实现。

还有一个因素推进了互联网作为全球有机体的形成。这就是技术文明的危机，它决定了我们的文明和时代具有的过渡性质。事实上，我们生活在一个社会结构解体的时期，而且迎接现代挑战的新结构尚未形成。在这样一个过渡时期，社会发展方向尚不明确，社会性和公共性现在的表现形式也模糊不清。一方面,它们同样承受着压力并进行了变革,但另一方面,它们仍然存在。通常在社会过渡期(毕竟,历史上已经有从一种文化和社会过渡到另一种情况:从古代王国文化到古希腊、古罗马文化,从古希腊、古罗马时期到中世纪时期,再到新时期),为获得新的"社会技术体",人们进行了许多沟通交流和斗争。例如,向现代文化的过渡首先伴随着基督教世界观向理性世界观的转变(上帝已不再居于首位,取而代之的是个性和自然现实),它在斗争和社会辩论(涉及宗教、意识形态和经济战争)中产生;其次,不论是在自然领域还是其自身发展(教育)方面,自然科学、工程学、工业生产、市场和一些新的社会体制(资产阶级、自由民主)都为人类的发展提供了支持。一个新的技术文明逐渐形成,而上述这些实践和机制就是它的社会技术体。

互联网是否是一个类似星球的社会技术体呢?它可以使处于现代危机和过渡期的人们恢复并保留政治生活和社会生活吗?也许是可以的,尽管主要的社会规范和调控手段(法律、道德、情操、权威等)已崩溃或瘫痪,但在互联网上,我们可以继续行动、沟通、战斗、提出解决方案并去执行。这个社会体是相当矛盾的:它既是一个复杂的技术系统和我们的栖息地,也是一个"有生命的有机体"。

如果我们从星球范围回到人间,会注意到以下几种情况:一方面,互联网和移动通信正在逐渐成为人类的另一个社会技术体(如电力、交通、住房、服装等)[234],极大地扩展了人类的能力;另一方面,它们也显著改变了人类的心灵,部分地改变了人类的身体。关于上述第二个方面,可以通过分析两个系统的网络性质来解释。

网络,除具有基本的技术基础(节点、线路或通信渠道)之外,它还是一个彼此相关又相对独立的实体(个人或团体)系统,实现着完全不同的交换(提供信息,会见和交流,为彼此创建虚拟或现实的情景等)。以社交媒体网站为例,在那里与"朋友们"交换文本,努力加强和扩大圈子,并在沟通中实现自我。在网络中,人们把自己现实化了,当一个个体进入这一环境(被网络诱导的环境),只能按照网络的规则行事,从这个意义上说,环境通常是非日常的。按照 Л. С. 维戈茨基的观点,人们是被双重媒介"间接地"诱导进入网络的,一个是符号媒介,即可视的文本,另一个是不可见的网络生活的规则。网络诱导的状态改变了一个人的心理,使其沉浸在"网络存在"中。关于这种存在,可以举下面的例子,一个人在"Facebook"上有 200—300 个朋友,经常会与这些朋友进行交流。另一个例子,一个人拥有 3 部手机,几乎每 5—10 分钟就要接听或者拨打电话,即使在晚上也总是如此,无法想象如果没有移动通信,他将如何生活。作为一项潜规则,网络的存在需要一个快速反应,不允许你对问题进行深入思考,要建立事件的其他参与者期望的形象,这一形象被传送到网络。在心理上,网络生活通常会产生两种结果。第一种结果是,一个人被分裂成两个主体:日常生活主体和网络主体(我们称后者为"网络副本")。人们通常会试图以某种方式调和两者的存在,但是却常常会失败。第二种结果是,个人接受网络主体作为主要的自我,并习惯它、重建它,即在事实上,个体成了自己的网络替身。但需要注意的是,按 M. 韦伯的说法,这一情景不是经验论的,而是"理想-典型"的情景,它可能无法容纳一个真实的个体。因此,互联网和移动通信导致了人格心理分裂和个体的网络副本。

如果互联网和移动通信仅仅被视为一种复杂的工艺,那么这里讨论的问题和压力迟早可以被最小化,甚至有些问题可以完全消除。这符合历史上所有新技术所经历的发展轨迹。但这两个分析对象都是有生命的有机体,人和其他社会结构(社会机构、不同级别的政府、金融和强大的国际精英代表的"新游牧民族"、中国元文化、共同市场等)都是其机体的组成部分。因此,在这一层面,任何有意识地施加的影响和作用,都决定着这一有机体的发展方向,都可以对抗反向作用力。如果一些开发人员正在努力通过互联网和移动通信使人类生产和生活更加便捷和高效,使它们服务于信息的自由交换和交流,那么就会有一些人(不仅是黑客,还有国家服务部门)积极提出规则、技术和行动,意图限制自由,阻碍或破坏这两个系统的发展。他们这么做通常不是为了某些务实的目的或利益,而是被竞争和好奇心驱使,或者是出于纯粹的恶意。但事实证明,我们正在讨论的这个问题,它的最小化或最终解决的关键不在于互联网和移动通信的技术或组织问题和任务的解决,而在于解决社会问题。这些社会问题在现有技术文明的框架内显得更加复杂,甚至有些部分根本无法解决。

## 质量标准化、社会和平的途径,以及作为工艺化和管理变革机制的企业发展[235]

自20世纪90年代初以来,俄罗斯一直致力于适应西方标准。这个过程的发展结果是矛盾的,但也是有趣且未被完全认知的。20世纪完全可以被称为标准化的世纪。苏联和西方国家生产过程的标准化在很大程度上得益于军事工业综合体的出现。这一标准化进程发展的历史背景是:必须要为战争作好准备,并为其提供大量的军工产品;供应商企业往往距离主要生产企业数千千米,因而对产品的可替换性和高质量有绝对强制性的要求;生产过程越来越多地以设计为基础,要求在产品制造中使用标准设计方案、标准结构及部件。仅凭知识和经验是不可能组织和管理这类大规模生产的。因此,开始制定可以成功解决这些问题的标准,如俄罗斯国家标准ГОСТ、SNIPs、各类规范、设计方案的模板、通用设计等。如果您在十年前购买国外的家用电器,您是无法拆开包装立即使用的,因为俄罗斯插座的宽度是按俄罗斯国家标准生产的，与国际电工委员会（IEC）的标准不符。IEC 是在 1906 年由当时筹备战争的欧洲主要工业国家建立的。

正是在 IEC 的基础上，国际标准化组织（International Organization for Standardization，简称 ISO）于 1946 年成立，现在俄罗斯各类组织正试图与其在各个领域的标准保持一致。1987 年，ISO 试图在全球范围内将英国标准应用于国防工业领域，即 ISO 9000 系列标准质量管理体系，这对于工艺化的西方来说也是一个重要事件。必须标准化的不是螺钉和连接器的大小，而是生产它们的人之间的互相影响的方式。

如果说俄罗斯的技术专家在几十年间已经掌握了国际标准，那么将标准化推广到俄罗斯企业的管理领域也算是新闻。俄罗斯国家标准 ГОСТ 非常详细地规定了对产品及生产过程的相关要求。曾有人认为，管理层将根据生产系统的要求来进行调整。然而，对于为什么要生产高质量的产品——是为了符合俄罗斯国家标准 ГОСТ 的要求，还是为了在全员突击工作中获得奖章，这个问题没有人感兴趣。

也许对于俄罗斯来说，在国际标准中最难掌握的事情是蕴含在西方文化中的有序性、倾向于更多的分析，以及将活动分解成小的模块。例如，一些人负责鉴定，另一些人负责生产计划，还有些人负责完成阶段，第四组人进行检验，第五组人完成评定，第六组人进行验证，第七组人审查所有流程。

在实践中采用他国的管理规范，要么会出现形式主义，要么会成为俄罗斯工程师心里最喜爱的任务——与审查员"兜圈子"。直到现在，在 ISO 9000 系列标准"成功实施"20 年后，他们才开始考虑调整国际管理标准以适应俄罗斯国情的问题。

采用国际要求还面临另一个问题，即西方标准化者不喜欢做宣传。有人认为，如同普通工艺一样，标准是中立的，但事实并非如此。例如，俄罗斯长期以来一直推迟引入汽车柴油和汽油标准，如 Euro-2、Euro-3、

Euro-4 和 Euro-5。这些标准规定了不同型号汽油的辛烷值不同,二等汽油为 92,三等、四等、五等汽油为 95。排放的废气的化学成分也被考虑在内。2002 年,禁止使用不符合 Euro-1 标准的发动机的法令,引起了俄罗斯制造商和卡车进口商的恐慌。采用发动机燃料的三级标准,是政府在 2008 年 2 月批准,并从 2009 年 1 月 1 日开始实施的,在俄罗斯执行汽油和柴油燃料的 Euro-3 生产标准,汽油和柴油燃料的 Euro-4 标准从 2010 年 1 月 1 日开始执行,Euro-5 标准从 2013 年 1 月 1 日开始执行。然而,石油公司、汽车制造商和运营商已从能源部获得延期采用的批准。最终,Euro-2 和 Euro-3 级柴油燃料标准被允许沿用到 2011 年 12 月 31 日,Euro-4 级标准推迟到 2014 年 12 月 31 日,Euro-5 级标准未设定具体期限。

从技术上讲,几年前就可以开始生产 Euro-3 汽油,但是,俄罗斯汽车保有总量的三分之二都不符合 Euro-0 排放标准。尽管在俄罗斯首都和其他主要城市中,外国品牌的汽车数量庞大,但它们大部分暂时还是在使用低环保等级标准的汽油。反对采用新技术标准的是国防部,因为军用运输车一直使用辛烷值为 80(Euro-0)的汽油,甚至联邦储备局也大量储备了这种汽油。

似乎只有在道路上的"黑尾巴"减少的时候,人们才会开心起来。但是,我们要仔细考虑这样的实际情况:采用规定的技术标准将导致大量的汽车都要被移交到垃圾填埋场。西方的工业多年来一直在持续发展,因此从 Euro-0 到 Euro-5 标准的逐步实施,并没有对欧洲汽车制造商构成很大的问题。俄罗斯也被建议要加快改变发动机生产工艺的步伐。西方公司和国际组织对环境的关注只不过是想进一步削弱俄罗斯经济的借口。对于外国制造商来说,重要的是俄罗斯会完全失去又一个行业。西方要求俄罗斯采用新标准是使其力量分布对自己有利的一个好方法,然后在这里建立自己的装配厂,但是俄罗斯却只能开始实行

"追赶"的发展策略。

事实证明,标准化这样一个看似技术性的东西,其实是一种特殊的管理工具。这些标准定义了一项活动发展的框架。谁撰写标准,谁决定发展的方向(定调子)。实施新标准化的过程通常需要对生产本身进行彻底的重组。直到现在,专家们仍在抱怨 ISO 的名称选择是失败的。这一标准与产品质量无关,它定义的其实是管理范畴的工作,限制的是可以按计划的质量水平生产产品的组织本身,并要求改进其管理系统。国际管理标准体系无论对于质量管理、生产管理还是安全管理,都是框架性的标准。这是它们与俄罗斯国家标准 ГОСТ 的主要区别。这似乎是一件好事——按自己的需要进行标准化……然而,这一切并非如此简单。

以 ISO 9001 标准第 6.4 条"生产环境"为例:"组织机构必须管理生产环境中影响产品符合要求的那些方面。"[236] 尽管它只有一句话,但其背后却涵盖确保企业生产及管理的诸多方面,如生产基础设施、组织物流、辅助生产等。为了实现这一要求,还需要做一系列工作:第一,提出明确要求,不仅包括俄罗斯国家标准 ГОСТ 和相关法规的要求,还包括所有所谓的"利益相关者"(如客户、供应商、合作伙伴、国家政府机关、监管机构等)提出的要求;第二,确定有"影响力的观点";第三,确保管理者和员工在工作中同时兼顾"要求"和"实际状况";第四,也是最困难的一点,即在正常情况下,能够自主运用相关技艺和对标准的理解,而不是仅依靠个人的领悟来实现标准的要求。此外,每个员工都应该能够清楚地解释自己是如何在工作中贯彻标准条款的,以及在工作岗位上采取了哪些措施来改善"生产环境"。每个项目以此类推。

那么,我们的标准与西方的标准有何不同?它们似乎是以同样的原因被启动,即为战争而组织生产。其实它们也不完全相同,我们的标准深受苏联行政指挥系统影响,并实现全球控制和监管。这就是为什么苏联创建的国家标准 ГОСТ 是规定性的，它将一切标准化到极致。与此同时，标准化过程中控制的对象通常不是制造产品的过程，而是其物质结果，即实际产品。通常，苏联的"质量合格标签"不是指产品是如何制造的，而是指产品本身。在过去，俄罗斯研究院的青年学生，常常会在研究院指导的糖果厂的流水线上工作一段时间。由于缺少足够的装箱女工，女学生们负责将泽菲尔糖装在盒子里，这种糖在当时严重脱销，很多人会羡慕这个工作，但是通常在工作 2 个小时之后，就没有人再想看这种泽菲尔糖了，因为她们被允许在现场吃掉所有非标准形状的糖！而废品也是相当多……盒子上有一个"质量合格标签"，对于泽菲尔糖的要求是相当严格的，而对于生产组织工作来说，则完全没有提出要求。

社会主义标准(规范)是一个相当复杂的构成。在制定它们时，首先要考虑意识形态要求(如保密、社会主义理想)；其次要考虑与标准化本身密切相关的其他要求；再次，要考虑在特定领域内的使用规范(按规定标准定期进行修订)；最后，要考虑各种社会苏维埃机构提出的要求，在标准最终被批准之前，它们在许多机构中经历了复杂的审批程序。苏联专家参与制定标准，并在社会主义机构中讨论新标准，自然导致这样一个事实，即我们的标准体现了社会主义劳动和管理的精神和实践。在这方面，社会主义标准本身也可以被视为一种社会制度。它们的使命是确保产品的质量并协调生产过程的各环节，确保设定程序(标准化)、稳定再生产、设置不同机构(如研究所)之间应有的关系(合作)类型。

西方的标准自然反映了西方的工作精神和管理实践，也保障了西方社会机构的必要关系。而这些机构与俄罗斯的机构有着巨大的差异。为了理解这一点，要更详细地研究一下什么是社会机构。В. С. 别利亚耶夫(В. С. Беляев)在自己的新书中研究了与自然科学和政治经济相关的挑战。特别是,他分析了亚当·斯密(Adam Smith)对伯纳德·曼德维尔(Bernard Mandeville)的抨击文章进行的回应,证明了社会陷入恶习和利己主义的同时,也确保了其成员的福祉。别利亚耶夫谈到了经济学历史,曼德维尔的抨击文章反映了生活的现实,触动了英国公众的神经。许多人认为这是对公众舆论的挑战。而对该挑战的最完整的回应是半个多世纪后由亚当·斯密给出的。曼德维尔的批判性讽刺文章的核心是新兴资产阶级生活方式与基督教道德之间的矛盾。考虑到社会的变革,亚当·斯密试图重新思考这些既定的道德观本身。他接受了曼德维尔的推理逻辑,但同时也几乎完全摆脱了道德批判的原则。亚当·斯密似乎颠倒了论据:既然追求私人利益同时也确保了公共利益,那么这些利益应该被认为是良好的,因此也是自然的。

亚当·斯密认为,每个人都比其他人更了解自己的利益,并有权利自由地追求它们……追求自己利益的人,相比主动向别人寻求服务的人,在服务社会利益时往往也更积极。这就是著名的"看不见的手"\*的含义,它引导一个人去完成一个本不属于他计划的目标。[237] 随后,别利亚耶夫还引用了康德在《永久和平论》一书中的观点,从他的角度来看,"关于永恒的和平的保证总结了亚当·斯密的方法,奠定了自由主义策略的最初原则"。

伟大的大自然用自己的技艺提供了这种保证,在自然的力学过程中,表现出鲜明的合理性,通过解决矛盾实现和谐,甚至有可能违背自己的意志……智慧可以运用自然的机制作为实现自己目标的手

---

\* "看不见的手"是由亚当·斯密提出的。他在《国富论》中阐述了自由市场的理论,指出个体在市场中追求自身利益的行为,会通过市场机制自然而然地促进社会整体的繁荣,这种市场机制的作用被称为"看不见的手"。与"看不见的手"相对,"看得见的手"是由凯恩斯提出的,指的是国家对经济生活的干预。——译者

段,法律规则促进并维持了外部和内在的和平,因为它来自国家本身。[238]

比较康德的自由主义策略与美国现代自由主义理论家塞拉·本哈比(Seila Benhabib)的策略,别利亚耶夫试图证明:首先,自由主义的解决方案是"找到价值观的另一面",只有这样才能调和不同力量之间的矛盾;其次,这一现实被解释为此岸的、世俗的(这一现实的角色正好与"自然"的角色比较像);再次,自然科学和现代技术被认为是对这一现实的认知和证明;最后,解决方案是找到(发明)一种像"看不见的手"一样的机制。[239]

根据别利亚耶夫的说法,现代的制度主义实际上代表了一种自由主义策略,但是其意义更广泛:

> 制度主义的出现,是作为一种探索社会层级的策略,这些层级隐藏在社会中的每一个官方宪法文件中。而笔者认为,制度主义并不取决于哪些被视为至高无上的原则必须实现,也不取决于是否存在一个由利益相近的、规模不同的各类社会群体代表所构成的社会阶层。它们之间的关系取决于通过权力及妥协达到的平衡等。
>
> 社会内部多元化发展的程度越高,社会就越是呈现出隐性的碎片化,这也是斗争和战争爆发的先决条件,"制度性"现实会获得更多的实际力量。当这种力量凝聚起来后,它就会在国际范围内统一社会政治空间。美国制度主义主要代表人物之一 J. K. 加尔布雷斯(J. K. Galbraith)曾多次访问苏联,在他的战略构想中,人们看到了结束冷战的可能性,即实现世界社会制度对抗的终结。[240]

别利亚耶夫的研究结果表明,社会机构不仅是制度使命中所体现的某种社会功能,也是文化中稳定再生产的过程和社会层面的支撑;在开发和建立适合所有人的程式和表述时,社会机构要解决某些群体的迫切问题。社会制度是通过创造社会认知形式来维护"社会和平"的机制之一。正如别利亚耶夫所述,这些认知形式反映了社会生活中某些参与者的价值观,促使他们不相互争斗,而是为自己及整个社会工作。

现在继续讨论标准问题。在苏联,它们根据"社会机器"规则确保了社会有机体的正常工作,并且在进行标准审批时,协调这台机器各个环节之间的关系。而其他制度,如苏共、意识形态、教育、镇压机构等,则用于维护"社会稳定",如果在社会主义制度下可以这样表述的话。从这方面来看,筹备战争和战后时期的国家标准之间是没有本质区别的。

在西方,可以观察到完全不同的场景。如果在备战和战争期间,资本主义国家不得不限制许多自由主义者的自由,更严格地使其参加生产并进行标准化管理,那么在战后,市场关系和所有主要的自由民主机构恢复了自己的权利,标准化的机制就开始被重新思考和重建。虽然它仍然是关于标准化的,但是它的含义和人们对其的理解已经发生了变化。在自动化领域,即今天的机器人技术领域,已经开始实行对产品、设计和生产过程的标准化。在关于"标准化"的论述中,完全不同的一些问题和课题(尤其是关于质量和管理)被提到首要位置。其中"管理质量标准化"开始被理解为旨在分析现有生产的复杂工作,找出阻碍企业(公司、生产部门)有效参与竞争和改革的漏洞、问题和难题,并探索改革企业活动的方式和方法,包括管理机制。

这些问题的解决与两个主要情况紧密相关。首先,与管理相关的生产领域发生了变革;其次,人们正在探索生产与管理变革的自由主义(制度)机制。

在泰勒之后,研究、设计和改造生产的管理者获得了管理权。与此同时,他们不得不考虑其竞争者的创造力。事实证明,必须要考虑到人的因素(工人、工程师和其他人员),人不是像螺丝钉一样的存在,而是具有自我价值的生产过程的参与者。除此之外,生产管理涉及诸多因素,包括消费者及其价值观和生活方式,产品的市场流通,与客户、合作伙伴和供应商之间的相互关系,市场和其他社会机构的变化趋势,科学研究和规划的能力,以及信息的掌握等。如果能考虑并衡量所有这些因素,企业的效率和竞争力将会显著提高。

自20世纪50年代中期以来,在美国出现了一种新型社会实体——公司,随后在欧洲也相继出现。经济学家和律师通常将公司视为一种具有某种共有形式所有权的组织。在这里,我们将公司扩展理解为一种复杂的人力和技术系统交互的新形式,其目的是实现利润的持续增长和股东利益的增值。公司是由管理者领导的一个集科学研究、生产和贸易于一体的链条,链条上的各环节根据竞争需求,按照规定的模式调整生产。一方面,对生产状态和外部环境不断进行描述和模式化,其中设定目标、进行研究及开发至关重要;另一方面,还有一个改造生产的过程,其中设计、快速重组和培训的作用日益增强。最终,外部环境通过信息、广告和产品发生了变化。甚至管理者本身也不得不进行改变,参加再培训,并推行某些企业文化策略。与此同时,管理者不仅要改变生产活动本身,还要与各种人建立关系。这是管理现象本质上的二元现象,它自始至终既是生产组织,也是人与人之间的相互关系。[241]

重要的是,生产和管理发展的变革发生在自由主义社会制度的框架内,为了确保这场变革成功,相关主体必须改变自己。那么,从哪个方向开始呢?企业竞争的加剧不应该变成一场战争,所有参与者都应该在自己的活动中保持自由,与此同时,还应建立新的活动形式,使生产竞争为了整个社会的利益而发展,这种新活动的形式之一就是管理质量的标准化。

事实上,ISO 只设定了管理活动的框架,为每个社会活动的参与者留下了自由发展的空间。但是,ISO 要求相关方进行外部和内部的审计,并倡导遵守已有法律,在未出现危机的情况下,保持对协议、合作伙伴和其他经济过程参与者的信任。如果我们谈论标准化的社会策略,就需要明确两点:一是为了在竞争加剧的情况下实现发展;二是为了社会整体的利益而谋发展。对于现代自由主义策略而言,对福利的理解不仅包括别利亚耶夫之前提到的特征,还包括生态标准、个别群体及个体的权利、对未来的理解,以及其他一些方面。

德鲁克在他的书中讨论了公司的活动应该实现谁的利益这一问题。他始终认为存在以下几种经营目的:"在美国,是为了创造和维护社会和谐的利益;在德国、日本、斯堪的纳维亚国家等,是为了私人投资者的利益。到目前为止,还没有一个国家的公司不是出于这样的目的运作的,即企业应该主要,甚至专门为个人投资者工作。在美国,自1920 年以来,一直占据主导地位的理论认为,企业活动应该基于利益平衡,即消费者、劳动者、投资者等之间的利益平衡。这实际上意味着企业是'为自己'工作。在英国,情况大致相同。在日本、德国和斯堪的纳维亚国家,大型企业的活动今天被认为首先是为了创造和维持社会和谐。从某种程度上说,这确实意味着企业应该为体力劳动者的利益而工作。"[242] 德鲁克将现代生产效率问题与这一领域的自决权联系起来,从他的观点来看,这一问题远未得到解决。[243]

但是对于 R. 萨尔蒙(Robert Salmon)来说,这个问题的解决方案是很清晰的。与一直关注现有文明的德鲁克不同,萨尔蒙认为,我们必须要为未来工作。作为理论家,他对现代文明的大趋势进行了出色的分析,并认为全球化和其他社会变革正在逐渐改变消费者的观念。他们越来越不愿意参与消费竞赛,而是转向追求隐性价值,如工作保障、社会福祉、生活和谐、清醒地生活。萨尔蒙还试图证明,只有那些克服技术文明的陈规和价值观的公司和集团,才能最终取得成功,并将创造出另一种未来。例如,他认为:"公司活动不仅要考虑到经济要求,还要从新的现实和社会类型出发,考虑到生态、道德理想的要求、意识的转变。"[244]

在标准化领域"看不见的手"的形成过程中,审计和咨询发挥着重要作用,它们通常在同一组织内结合在一起。事实上,如果只设置了框架,就需要了解如何正确行事,在哪些方面改进生产。管理者本身无法专业地解决这些问题。这时就出现了咨询和审计。顾问和审计师是生产、分析和改造的专家,他们积累了丰富的经验(知识)并基于此提供相关服务。正是审计和咨询使我们可以分析企业的问题和发展瓶颈,寻找解决这些问题的方法和途径,并不断完善现有的组织结构。

与此同时,还产生了一个附带的效果。咨询和审计使已经获得这些服务(成功通过审计)的企业能够在社会分工体系中占据一席之地,例如这些企业可以加入某些协会和俱乐部。咨询和审计成为扩展企业协会和俱乐部影响力的工具。也就是说,ISO 不仅设定了框架并定义了必要的立场和活动,管理质量的标准化还为那些被纳入其中的组织实行制度化创造了条件。

俄罗斯与西方在企业发展经验和条件方面存在巨大差异,这是否意味着俄罗斯必须按照西方模式重新创建,并且借此走上现代化道路?答案显然是否定的。首先,在俄罗斯境内难以创建西方的生产结构及组织机构;其次,所实施的战略也应该有别于西方。不能摧毁几个世纪或数十年来已经成型的体系,然后在废墟上创造出看似成功,实际上却仍然按旧的方式在运行的西方企业的翻版。必须在企业团队中建立一个核心,作为改革的起点。这一改革应该建立在分析的基础上,既包括对西方经验的分析,也包括对国内经验和实际情况的分析。改革还应该考虑到人不断发展的潜力,而且要探索如何有效激发这些潜力。因此,培训和再教育完全是"异化"必不可少的方面。另一方面是,创造支持改革过程的新条件,包括信息化和内部审计等,同样至关重要。

我们在这里所说的变革不应被理解为社会工程活动,而应被视为促进新社会结构(生产组织机构)形成的活动。这类活动通常包含三个主要组成部分:(1)人为施加影响,例如,提出需要改变的现实图景、设计并实施项目;(2)分析和研究新出现的过程和结构(自然方面);(3)调控的影响。在实施时,发起变革的集体要平衡下面一系列因素:自己的愿望(目标)、可支配的能力(部分可以创造的资源)、社会行动利益相关者的愿望,以及最后通过集体努力而产生的实际结果。因此,改革需要从三个方面来理解:第一,它是我们所要做的事情,旨在发展和改进生产;第二,它是在我们的努力以及很多我们不了解和无法跟踪的其他因素影响下形成的;第三,它是我们参与的新存在。也就是说,变革的发起者不是创造者,虽然他建立了一个新的存在,但是这一新存在同时也在"塑造"着发起者自身。

现代生产不仅是一种生产"机器",而且是一种社会有机体。对于我们来说,重建管理历史就是"阿里阿德涅之线"(Ariadne Line)\*,管理的形成使生产转变为社会有机体,它们要应对竞争,被迫不断地寻求发展,并形成了一种人工和自然的"构成",以确保延续这一发展。管理者研究企业的内外环境,获取和分析信息,设计和创建这些环境,推广已建成的项目和方案,促进企业内部员工的彼此沟通,尊重他们作为

---

\* "阿里阿德涅之线"源自古希腊神话,常用来比喻走出迷宫的方法和路径、解决复杂问题的线索,以及脱离困境的办法。——译者

个体的自决性和自发组织能力。

管理的目标是企业(公司、集团、机构)的发展,它一方面作为一种活动(研究、设计、安排、实行、生产改造、与人合作等);另一方面,它指社会有机组织的存续(员工的交流、个人的自决、形成对情况和任务的共同愿景、对内部和外部环境的活动的自然反应等)。这个有机体是一个"半人马座"的、复杂的共生现象:生产系统存在于"人"(团体和个体)中,同时"人"作为集团和个体也存在于生产系统中,即个人与团体,你中有我,我中有你。

生产有机体所处的环境中,一方面存在资源(权力、影响力、资金、信息、技术)的竞争;另一方面,也存在着合作和联合的可能性。这样的共生关系揭示了企业发展目标的双重性:既要在竞争中生存下来,也要参与实现社会理想。第一个目标是通过发展来维持社会有机体的生存;第二个目标是改善集体和个人的生活品质。作为一种符号学的存在,人们的生活和活动依赖于通过想象建构的现实,即"创造一个由人造符号构成的世界。"[245]因此,管理内容包括两个方面:改进生产以及对人员的工作进行管理。

但是,不发展难道就不能生活吗?总的来看,这是不可能的。正如一本著作所述,文化职能的发挥促进了理论和应用文化研究的发展[246]。此外,外部环境的重大变化、不同社会有机体发展的异质性、对资源的争夺及其他很多因素,都要求我们必须发展,它是社会生活有机体不可或缺的一个方面。

那么,这样就引发了一个问题:是否要永远不停地发展呢?俄罗斯学者 А. П. 普罗霍罗夫(А. П. Прохоров)指出,俄罗斯与西方的管理传统有很大不同,特别是由于缺乏竞争,发展也相对滞后。[247]他的研究还表明,管理者和被管理者并不是抽象的管理主体和对象,而是承载着文化历史传统的活生生的人。因此,管理系统中的人具有自己的发展轨迹,这些轨迹可能与管理目标相契合,也可能相悖,而在后一种情况下,就可能产生"不可控"现象,这在管理学文献中被广泛讨论。此外,管理体系本身也具有其发展背景下的文化和历史特征。

但是,我们是否还要谈论发展呢？俄罗斯旨在发展的所有改革尝试都失败了,再次回到了自己的原点。尽管如此,目前在俄罗斯,除了那些停滞不前、没有发展、仅靠国家拨款生存的企业,还有许多企业和机构面临竞争和发展压力。实际上,所有企业和机构都渴望获得资源,增加发展机会,提高影响力。

对管理的现代研究表明,管理是一个调控企业团队(集团)的双重过程,既包括调整独立个体(这里的发起者是领导者和创造性主体),也包括协调团队所有成员,在不同管理层进行沟通。领导者和创造性主体不仅要用发展和变革的必要性去激励团队,而且还要促进企业成员作出改变的决心,或者向他们施加压力。在协调和沟通时,建立一种动态平衡,即一方面,在提出和调整任务时,所有参与者开始朝着指定的方向统一行动；另一方面,阐明改革的性质、范围和限制。

## 现代机器人技术的特点

现在,即使是普通人,也会经常在电视屏幕上看到机器人,听到有关它们的话题,很显然这一领域的发展非常迅速。而那些关注科技新闻的人都知道,至少听说过,从 20 世纪开始,人们就对机器人产生了浓厚的兴趣。可能很多人已经读过科普作家恰佩克(Karel Čapek)和阿西莫夫(Isaac Asimov)的作品,甚至听说过关于机器人的技术法规。那么,目前是否又发明和研制了很多新的工具？在机器人技术发展的初期,科普作家一直是最早的"机器人主义者"。

当然,首先要理解什么是机器人技术。一些关于"机器人技术的诞生和主要发展阶段"的文献资料,描述了从古至今的各种技术发明:机械鸽子、鸭子和狗,会鞠躬、说话和写字的真人大小的娃娃,杰卡德(Joseph Marie Jackard)发明的通过打孔卡来操作的第一台自动织机,以及最早的机器人士兵——"电子人"(Frank Reed),可以射击的电子子弹,还有机械兵坎皮恩(Archie Campion,据称它甚至参加了真实的战斗)。[248]所有这些和许多其他类似的发明,都被作者列入了机器人技术发展史。另一方面,"机器人"这个术语最早出现在阿西莫夫于1942年撰写的短篇小说《环舞》(Runaroud)中。在这部作品中,他提出了"机器人三定律":(1)机器人不得伤害人类,或者由于其不作为而使人类受到伤害;(2)机器人必须服从人类的命令,但这些命令不得违背第一定律;(3)机器人必须保护自己的存在,但不得违背第一定律和第二定律。

那么问题来了,也许只有在阿西莫夫之后,人们才有可能谈论机器人技术,因为在此之前,没有人描述过它。此外,在关于技术的现代科学研究中,技术被视为一个规模化工业现象,在20世纪40年代初,阿西莫夫在故事中就描述了机器人工业生产的场景,但这种生产模式只有在我们这个时代才会真正地被创建出来。那么,是否可以推测机器人技术仅在20世纪末21世纪初才开始出现呢?如果不是,那么过去几个世纪的发明者创造的这类技术又应被称为什么呢?让我们暂时把这个问题搁置,继续往下讨论。

欧盟报纸上有一篇文章《以色列使用杀人大黄蜂守卫》[249]。现代机器人技术可以分为两种发展方向(路径):第一个方向,发明"拟人机器人",模仿人或动物(狗、蛇、蜜蜂、苍蝇等)的形象;第二个方向,发明人无须考虑机器人(例如,无人机、喷气式飞机)与真人相似的要求。在这些设备中,有的可以通过自动驾驶仪控制某些操作,如侦察机器人;有的则是可以远程操控的小型全地形越野车;还有的可能是装配有摄像机的、乒乓球大小的橡胶球等侦察工具。

日本制造的"拟人机器人"

第二个方向的机器人

第一个方向是基于原有的机器人理念而形成的。也就是说,这个方向以人工智能的概念推动机器人,是通过拟人化的理念来发展的。它旨在创造不仅可以帮助人类,而且可以像人类一样思考、理解和行动的机器人。然而,关于这一点也产生了争议,比如,机器是否可以比人更聪明?这里举一个真实案例,尤其在国际象棋比赛中击败人类的案例发生后,即1997年5月,一台名为"深蓝"(Deep Blue)的计算机在6场比赛中击败了国际象棋世界冠军卡斯帕罗夫(Garry Kasparov)。此后把超级计算机的工作与人类的思考相提并论变得很自然,但是在笔者看来,这样的比较并非完全合理。首先,因为人类的思维是一种心理学的、符号学的和社会学的综合现象(大脑只是思维的基础),而不是机械现象;其次,支持发展计算机思想的人很清楚,深蓝的程序不仅包括筛选和比较每步棋的走法及其结果,还包括对最佳国际象棋棋局的分析和总结,甚至还有为国际象棋锦标赛量身定做的实战训练,其训练用的棋局都是由世界冠军博特温尼克(M. Botvinnik)研究并成功运用过的。从这个意义上说,卡斯帕罗夫不是与机器在比赛,而是在与机器环境中再现的整个国际象棋文化进行比赛。在这里,整个文化的力量无疑要比个体强大得多。[250]

目前,关于机器人技术的设想已被推广到机器人生产的首要方向,形成了完全不同的设计。机器人是一种复杂的程序,可以是物质工程设备形式,也可以是电子形式,它将工作流程自动化,在一系列情况下取代人类活动(但不是取代人类本身),去完成危险、繁重或者高速运行的工作。许多开发人员认为,机器人技术的基础是编程、计算机语言、电路板,以及系统的创建。复杂的计算机病毒如果不算作电子机器人(自动程序),那它又该被如何定义?如果没有所谓的机器自动化,现在也不可能解决这么多现代问题,例如,"国际高级电信研究所(2006)与本田公司一起研究人与机器之间的新型关系。自动化机械手听从受试者的想法,却与他没有任何肉眼可见的联系。新的脑机接口(Brain Machine Interface)基于对大脑区域活动情况进行逐秒分析,使微型机器人组能够进行互动并交换信息。每个自动程序都有一组随机的参数,这些参数决定了行为的'基因'。在研究过程中,研究人员选择了能用最有效的办法找到食物的机器人。把它们的'基因组'混合,然后逐代演变。"[251]

然而，值得注意的是，在对机器人技术新的理解的框架内，使机器人比人类更聪明的梦想远远没有消失。关于这种观点，在互联网上可以读到很多相关内容。"由得克萨斯大学奥斯汀分校的科学家创建的'虚幻竞技场'（Unreal Tournament）游戏中，一个名为 $UT^2$ 的虚拟玩家在 2004 年的 BotPrize 锦标赛上获了奖。作为一个自动程序，它设法通过冒充人类来欺骗竞争对手。在这场比赛中，自动程序（机器人）不仅战胜了其他自动程序（机械人），还战胜了相同数量的人类。人类除了一套常规武器之外，还有一把'裁判枪'，可以用来标记对手是机器人还是人类。获胜的机器人获得了 52% 的'人性'评级，而人类的平均评级仅为 40%。因此，$UT^2$ 通过了'图灵测试'*，根据该测试，如果一台机器能够使人们相信它是一个人，那么就证明了它具备了思考能力。图灵本人预测，计算机将在 2000 年通过该测试。正如开发人员所说的那样，为了让机器冒充人类，它的行为必须被赋予人类特有的非理性元素。但是，科学家解释说，游戏中的主要行为机制是由神经进化创造的，这一创建过程是通过一系列生存测试完成人工智能的神经网络实现的。幸存的神经网络被保存，其余的被淘汰。后继者是从幸存者中通过随机更换的。'进化'过程一直持续到具备所需行为的网络出现。"[252]

---

\* 图灵测试起源于计算机科学和密码学的先驱图灵发表于 1950 年的一篇论文《计算机器与智能》。该测试的流程是，一名测试者写下自己的问题，随后将问题以纯文本的形式（通过计算机屏幕和键盘）发送给另一个房间中的一个人与一台机器。测试者根据他们的回答来判断哪一个是真人，哪一个是机器。这个测试旨在探究机器能否模拟出与人类相似或无法区分的智能。现在的图灵测试时长通常为 5 分钟，如果计算机能回答由人类测试者提出的一系列问题，且其超过 30% 的回答让测试者误认为是人类所答，则计算机通过测试。——译者

最后,在第二个方向上,机器人可以不受机器人技术规定的约束,例如,美国已经生产出被称作"完美士兵"的机器人。要明确的是,机器人的发展不是为了取得某种权利进入人的社会,而是作为一种服务于人的复杂技术的存在形态。

根据对机器人技术的新解读,第二个根本区别可能是这样形成的:机器人不是个别天才工程师的某项发明,而是技术环境的一部分投射。这种环境有一个重要特点,即机器人具有一定的自主权。与总是有人参与管理的传统设备(工具、机构、机器)不同,现代机器人是由计算机程序控制的,这些程序反过来也可以控制其他程序,例如,改变自动机器的操作模式。从本质上说,现代机器人的自主性是间接的,并受环境影响,而之前机器人的自主性是由技术设备提供的,如作为机器人组成部分的时钟机械,这都是在没有电力、计算机和互联网的情况下设计和创造出来的。而现在,如果没有研究机构、工程实验室及公司,没有资本投资,甚至没有资本主义竞争,现代机器人是否还可以出现?然而,上述所有这些系统和机构共同构成了一个网络化的、独特的社会技术环境。

第三个区别是这样的:机器人技术不是一种工程活动(尽管工程学是机器人技术开发的组成部分之一),而是一种现代工艺。它不是"狭义的工艺",对于工业机器生产来说,它的特点是专注于质量、经济性、生产活动的运算表达。[253]机器人技术是一种工艺,涵盖了从研究、设计、工程开发到实施流程展开、规划和部署实施程序,再到分析预期市场和消费者等一系列活动。所有这些活动都需要被组织起来,最终目的是创建一个统一的技术产品,即机器人,以及它们所需的环境和网络。如果是这种情况,那么就很好理解,为什么最早开发机器人的想法是由科幻小说家提出的。他们建立了一个新的现实(新机器人就是这样出现的),并创造了最初仅为艺术形式的第一个机器人,而之后出现了摆脱物质形态限制的机器人,这种机器人融合了上述所有活动。至此,对它们进行研究的主体已经转变成科学家、工程师、经济学家和相关管理人员了。

笔者曾在关于技术哲学的文章和书籍中指出,现代工艺是在"最新的工艺发展区间"中发展起来的。也就是说,当实现新技术产品设想的必要条件具备时,特别是出现了可以实现这一构想的活动类型时,现代工艺便得以发展。[254]如果我们从这个关于最新工艺发展区域的作用出发,就会明白为什么最近几十年来机器人技术取得了突飞猛进的发展。也许,正是为了它的发展,最新的工艺发展区间才得以形成。事实上,编程、现代计算技术、小型化技术、新材料的开发、网络和科学技术环境的扩展、工艺竞争、融资等多个方面的发展,使我们能够重新提出建造机器人的任务,并且可以在新技术中真正把上述这些活动整合在一起。因此,机器人技术作为一种全新的现代技术获得了飞速发展。从这个意义上说,这确实是首次,而之前创建的不同形式的机器人(无论是实验性还是工程性的)都可以列入机器人技术的前期试验。

正如通常新技术发挥的作用一样,机器人技术解决了当今社会和人类面临的许多之前无法解决的问题。我们对机器人应用的一般领域已经很熟悉了,认为它们在现代技术中的作用相对有限。可以用两个不太常见的例子来说明这一点。一个例子是前面提到过的,在互联网上使用自动程序;另一个例子是美国的一个大型项目的开发,该项目通过使用太阳能电池板铺设道路而获得了大量清洁能源,并实现全国范围内出行的完全自动化管理,从而使出行更加安全。

朱莉(Julie)和布鲁索(Scott Julie Brusaw)早在2006年就提出了"太阳能公路"的想法,初步看来,这项技术并不复杂,包括用光电元件替换沥青路面,并在上面铺设专门设计的、超强度的、特殊构造的玻璃。大面积铺设这样的道路将可以实现许多实用的功能,包括路面辅助照明、为电动汽车充电、向用户和其他人供电。主要的困难是,近几年来一直在寻找可以制作高强度透明玻璃的材料。根据该项目设计者的估算,该系统最高可生产的电力比美国目前用电量多 3 倍还要多,剩余电力一部分还可以通过沿路放置的充电桩向电动车辆提供电力。

按照该设计,路面在建成后将实现以下功能:

- 冬季可以通过预制板加热来消除冰雪;
- 夜晚提供巷道的 LED 照明;
- 保障雨水排水系统及其后续过滤系统的正常运行;
- 确保自清洁系统免受防冻液、油和其他污染物的影响;
- 保证工农业需要的供水系统运行;
- 在高速公路的任何地方,通过太阳能电池板为电动汽车充电;
- 使用报警系统通知太阳能组件的故障;
- 当动物突然出现在公路上时,提供辅助照明。[255]

显然,这样的道路只能使用自动化技术来实现。事实上,它们所依赖的技术也不属于普通的机器人技术。

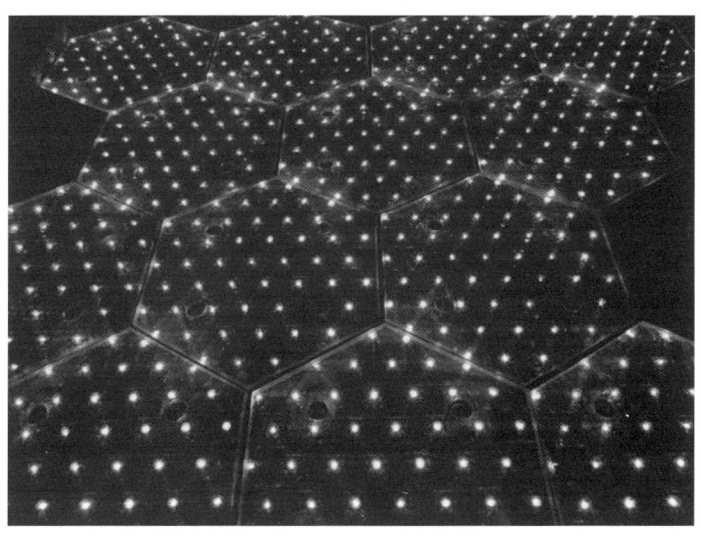

"阳光之路"的路面

谷歌公司近年来在开发无人驾驶汽车项目上取得了相当显著的成功。在该计划的框架内，他们创建了非常独特的运输工具综合体，使得汽车可以在没有任何人为参与的情况下，沿着城市和郊区高速公路自动行驶。

目前，谷歌公司已经成功制造了至少21辆完全自动驾驶的汽车，这些汽车无须人为操控即可行驶。此外，这些"无人驾驶"汽车已经行驶了超过48万千米，并且没有证据表明它们在路上行驶时发生过任何事故。

它们的运行由专业计算机控制，所使用的所有系统都可以直接从提供地理定位服务的卫星接收必要的导航数据。这些计算机也可以相互交换信息。

专家们相信，2025年后，自动驾驶汽车就可能会出现在主要城市的街道上。此外，除私家车和卡车之外，即使是专业车辆，如扫雪机、道路维护设备、各种紧急服务车辆，也可能会成为"无人驾驶"汽车，并且有可能"学会"根据实际情况独立采取相应的行动。[256]

无可争辩的是，只有富裕且技术发达的国家才有能力实现这类项目的构想。因此，"黄金10亿"\* 可能会更加超越其他国家。但即使在今天，技术发展的进步也可以让以色列这样一个小国制造民用和军用机器人，管理附近的工厂（例如，化工厂通常会完全自动化和机器人化），拦截恐怖袭击的导弹、进行侦察，以及消灭敌方士兵。

---

\* 1990年，俄罗斯公关专家阿纳托利·齐库诺夫（Анатолий Цикунов）在《世界政府的阴谋——俄罗斯和黄金十亿》一书中创造了"黄金十亿"这个词，所谓的"黄金十亿"理论已经存在了30多年，它指责富有的西方精英通过剥削世界其他地区来积累财富，并试图永久控制地球上有限的资源，而当时苏联正处于崩溃的边缘。"黄金十亿"实际上就是指高收入的经济合作与发展组织（OECD）国家的人口，这些国家的人均消费水平高于发展中国家。——译者

无人飞机

然而,机器人技术也是一把双刃剑。在美国,许多飞机操作系统都实现了全自动控制,包括2001年9月11日撞向双子塔的飞机。黑客也在制造病毒机器人,这种现象不仅仅存在于发达国家。在拥有先进技术的国家之间的军事冲突中,每个交战国都认为,胜利在很大程度上取决于其科技的超前程度。因此,日本机器狗爱博(Aibo)的发明者、索尼实验室的藤田昌弘,在2003年发表了关于不能接受在伊拉克或叙利亚战争等冲突局势中使用机器人的声明,这一切并非偶然。他们担忧的是,机器人是否会相互打斗。实际上,通过互联网,黑客或其他一些居心不良的人可以很容易控制这些机器人,并有可能利用它们去伤害人类。

当然,自动化有助于解决诸如减少技术发展的负面后果等重要的全球任务。但机器人(自动化)技术的发展不太可能完全解决这个问题。尽管如此,机器人技术仍是一种现代工艺,其发展与其他技术一样,可能会带来一些负面后果。例如,在制造太阳能电池板时,生产废料里会累积镉、砷等一些有毒物质。此外,铺设电池路的土地也必须收归国有。

最后,笔者想再次请大家注意一个事实,即机器人(自动化)的设计和创造背后有各种网络和系统——电气、通信、基础设施、经济和社会,而这些通常是肉眼看不到的,可见的只有产品本身——机器人(自动化装备)。而网络和系统,虽然在某种程度上也是被创建起来的,但是在很大程度上来说,它们是自然构成的,我们对它们的存在和特征还不甚了解。相比而言,"关于机器人的技术法规"更清晰易懂,目前还应当建立某些针对开发人员的规定。例如,机器人的自主程度应当被设定为在任何时刻都可以受到限制和中断;机器人不是独立的主体,而是被设计和控制的技术环境(环境的产物);机器人技术也是一种社会体等。

## 写在最后

波兰哲学家 H. 斯科利莫夫斯基（Henryk Skolimowski）在他的著作《作为技术评价的新社会哲学》（*Новая социальная философия как оценка техники*）中写道："我们这个时代的哲学家，包括那些与技术哲学有关的哲学家，还没有意识到技术现象所形成的力量正在产生一些前所未有的问题。我们再次被迫回答这个问题，即什么是现实？对这个问题的充分回答，绝非简单重组原有的本体论范畴和概念便能获得的。那些抱怨哲学已经结束的人，往往没有更多地提出反思的新任务，也无法真正理解现代科学技术所创造的新现实。我们只是发现了现实的概念，而这些概念未能与时俱进，我们应该把它们尘封在历史档案中。"

我完全同意斯科利莫夫斯基的观点。如今，我们更多地认识到技术对人类生活各个方面以及对社会所产生的影响，包括社会生活的性质、质量、社会关系等。而且，我们要逐渐超越 20 世纪上半叶那种非黑即白的对立观点，即技术要么是幸福和美好的源泉，要么就是危机和我们文明灭亡的根源。哲学家和科学家开始明白，技术是一种非常复杂的现象，如同科学研究难以拆解的"坚果"。认识现代技术应该结合这两种观点，它既是一种人工现象，要知道正是人类构思并创造了技术设备，同时也是一种自然现象，按照海德格尔的说法，技术是"座驾"，而库德林则将其比作技术群落，"一种技术可以产生另一种技术"。将技术看作设想和设计的物质体现，以及技术认知和不同的思考形式（即"技术理念"）的结合体，与此同时，更要把技术作为一种独立现实与社会现实紧密结合。

此外，理解技术的本质不仅是对技术现实的思考，而且是对其发展施加影响的关键所在。所谓纯客观、无利害关系的技术研究在今天收效甚微，只能加剧由技术（也包括工艺）所引起的危机。相反，研究技术的前提是承认它可能会带来的不幸及文化危机，而且要明白技术是这种不幸的诱因之一。在这方面，技术是现代文明和文化不可分割的一个方面，与价值观、理想、传统等矛盾有机地联系在一起。然而，危机不是值得欣赏的东西，必须予以克服，特别是全球性的、威胁人类生命安全的危机。因此，对技术的研究应该致力于解决我们文明的危机，其出发点应该是：限制技术的无度发展（甚至放弃传统意义上的技术进步观念），转变技术世界，创建人和社会可以接受的关于技术的新理念，以确保人类和社会的存续和安全发展。

## 参考文献及注释

1. 人文学认知不仅是一种认知,同时也是学者与其研究对象之间的相互关系。正如巴赫金所说:"关于灵魂(дух)的科学,我们面对的不是一种客体,而是两个'灵魂',被研究的客体的灵魂和研究者的灵魂,不应混为一谈。"这一课题研究的是"灵魂"的相互关系和相互作用。( Бахтин М. Эстетика словесного творчества. М., 1979. С. 349. )

2. Полтерович В. М. Кризис экономической теории доклад на научном семинаре Отделения экономики и ЦЭМИ РАН Неизвестная экономика. ( http://www.r-reforms.ru/vmp2.htm. )

3. 演化重构是对现象本质的一种重要认知方法,笔者曾使用过一个类比来阐述其必要性。我们幻想一下,火星人来到地球,想要了解在节日餐桌上看到的复活节蛋糕是什么东西。火星人可以描述蛋糕的结构,甚至可以对其进行实验,例如将其分解成碎片、抠出葡萄干等。他们得出结论:蛋糕是一种具有异质内含物的疏松物质。这个结论正确吗?从人类的角度来看,答案是否定的,因为火星人关注的是它完全偶然的特性。

现在来想象一下,火星人看到面包师如何制作面包,然后用它做了什么。他们看到,面包师首先拿来水、面粉、鸡蛋、盐、糖、酵母、香料等原料,然后将所有这些东西仔细混合,从而产生完全不同于任何一个单一成分的面团。面包师将面团放在温暖的地方,它就会发酵、膨胀。接着,面包师开始用面团制作面包,并将它放入烤箱。经过烘烤,面团变成了甜面包。最后,火星人看到人们将面包吃掉。甜面包的制作及食用过程似乎可以让我们想起所研究事物的本质。现象的本质类似于制作面包及食用的过程。只有认知它,生产才会变成一种演变过程。

4. 例如,人类的出现开始于大约100万年前。笔者之前的研究曾说明,人类起源发展的基础是:类人猿的信号行为转变为符号行为,生物生活方式转变为基于控制关系、符号及原始技术(简单的工具和组织行为)的非生物方式,包括过渡时期生物体(已经不是动物,但也不是人)在新过程中的适应过程。实际上,文明人类(非智人)出现在公元前 200 万—前 50 万年,即千年之交的第一个文化(古代文化)的形成过程。在古代文化中,它开始逐渐发展起来。而在之后的"古帝国"文化中,新人类形成并得到进一步发展。再后来,更加新的人类出现并得到发展,直至发展到当前的水平。( Розин В. М. Культурология. Учебник. 2-е изд. М., 2003; Розин В. М. Человек культурный. Введение в антропологию. Москва-Воронеж, 2003; Розин В. М. Визуальная культура и восприятие. Как человек видит и понимает мир. Изд. 5. М., 2012.)

5. Берман Дж. Западная традиция права: эпоха формирования. М., 1998. С. 521.

6. Розин В. М. Предпосылки и особенности античной культуры. ИФРАН. М., 2004; Розин В. М. Античная культура. Этюды-исследования. М., 2005.

7. Аристотель. Политика. Соч. в 4-х т. Т. 4. М., 1983. С. 440.

8. 1978 年,福柯在东京大学演讲时说,他"最初是一位科学史学家,首先面对的问题是,是否存在这样一种科学史,它研究科学的产生、发展和组织,不仅要从其内在合理结构出发,还要从它赖以生存的外部因素来研究","我试图掌握这一切发生的历史基础,即监禁的实行以及 17 世纪社会和经济条件的变化","我不想在话语下寻找人的想法是什么,但我试图在其显化的存在中展开讨论,就像某些遵循运行体系及一定规则的实践,比如教育、存在和共存的规则……我试图使人们关注到那些表面上的、被熟视无睹的一些事物"。( Фуко М. Воля к истине. По ту сторону знания, власти и сексуальности. М., 1996. С. 358.)

9. 话语和非话语的概念使我们可以把一些重要的研究方向结合为一个整体,比如"话语-知识"的认识论方面、对文本的综合性描述(话语-规则),以及对活动和社会背景和条件的分析(话语-实践和话语-权利关系)。可以认为,在科学和实践的传统构成中,所有这些方面,或者其中的一部分,归属于不同的学科——认知理论、语言学和符号学、活动理论和实践哲学、文化研究和社会学。然而,科学学科的传统分类和组织早已不能满足时代的需求。长期以来,产生成果最多的研究和理论发展都是在科学的交叉点或跨学科领域中进行的。"话语"和"配置"的概念正是这样一类概念,它们可以把不同科目相关的各种材料联系并集结在一起,从科学学科的一岸"漂移"到另一岸。最终,形成全新的科学学科,例如福柯建立的学科。(Фуко М. Воля к истине. По ту сторону знания, власти и сексуальности. М., 1996. С. 368.)

10. 正如贾尼科(Dominique Janicaud)所定义的"Technodiscurs"(技术话语)一样,"Technodiscurs 既不是一种严格的技术话语体系,也不是独立的话语体系,而是一种被封印在技术中的寄生语言。它促进了技术的传播,并取得了无可比拟的成绩,使得技术几乎不可能发生任何根本性的倒退,也不可能对现代技术现象的特性进行任何形式的重新思考。任何一种技术都有自己的词汇、代码、编排、案例、问题和操作程序。技术话语通过视听手段很好地实现了一种语言的功能;广告也是一种技术话语。技术话语不仅体现技术统治论思想,还是一种政治思想的视听掩饰,涉及世界竞争、生产力等事物。如果这些话语不断增加,是否意味着它们通过技术来对世界施加影响,并在其中发挥了某种作用?毫无疑问,它们是具有社会功能甚至技术功能的。让我们来想象一下,在西方技术世界中,如果没有广告,将会发生什么?技术话语在反映社会技术化的同时,也促进并控制了技术化进程。它们起到信息"继电器"的作用,完善并加速了全球技术化步伐。这些话语封印了对科技发展的理解,形成了自我象征,并试图将真实的整体重新编码为'信息冷藏室'"。请注意,技术话语是多种类型的语言,包括技术语言和关于技术的语言,以及技术控制论思想,但它也可以是某些影响方式。比如,创造条件,促进全球技术化的发展,或阻断发展进程(如阻碍对这类发展的相应解读)。(Рачков В. П. Техника и ее роль в судьбах человечества. Свердловск 1991. С. 119—120.)

11. Зигмунт Бауман. Актуальность холокоста. М., 2010.

12. http://www.dynacon.ru/content/articles/636/.

13. 关于这一观点,俄罗斯第一位技术哲学家恩格尔梅尔(Петр Энгейльмейнер)很好地阐述了其工程学认知:"从人类的意义上讲,大自然没有任何目的性,它是自发运动的。自然界的现象彼此关联,向着一个方向循序相随而运行:水只能从上向下流动,势能差趋于平衡。假设级数列 A-B-C-D-E 代表这样一个自然链。事实上,A 是一个真实的节点,其他环节紧随其后自动运行,因为自然是实际存在的。相反,人类是可以设定的,这也是人的优势。例如,人希望 E 出现,却不能通过自身力量获得它。但人知道这样一个运行链 A-B-C-D-E,在这个运行链中,人看到了一个能够靠自己的力量获得的现象 A。那么,人会调用现象 A,使自然链开始运动,现象 E 也就随之获得了。这就是技术的本质。"(Энгельмейер П. Философия техники. Вып. 1—4. М., 1912—1913. Вып. 2. С. 85.)

14. 例如,古人对技术的理解是经过神化的:技术产生的效应来源于神灵的行为。现代技术是在自然科学精神指引下以工程学方式进行概念化的,因此它的效果归因于自然过程的活动。技术的神化概念限制了通过实验(试错法)来发展技术,随着工程学的发展,技术发展出现了真正的大爆发,因为在理性科学中研究的任何自然过程都可以通过工程学来掌握,从而产生新技术。

15. 我们来回顾一下飞机建造史。早在第一架成功起飞的飞机建造之前,人类对飞行机械的设计就已经出现了。在实现它的过程中,技术人员首先想到了根据伊卡洛斯的神话制造翅膀,然后又想到机器比空气重(达芬奇的扑翼机),最后创造了发动机、螺旋桨和机翼。换言之,要实现一个技术目标(如飞行),首先必须创建一个特定的技术装置,例如机翼、飞轮、机身。

16. 文化发展停留在古代文化时期的人被称为"土著人"。在人类学中关于土著人的研究使我们可以了解很多古代文化。

17. Леонтьев А. Н. Проблемы развития психики. М., 1972. С. 357—359.

18. 有一部很好的日本电影讲述了一只猴经过长时间的努力和自己的试验,发现了一种用石头砸碎椰子的方法。与此同时,住在温泉附近山上的另一群猴围坐在那里观察。试问:在这里石头可以算作工具吗?笔者不这么认为。在这个新角色中,它不仅没有语言意义,而且在猴群中也毫无意义。后者只是记住了"创造性个体"的行为,即形成了一种新的条件反射。(Мак-Фарленд Д. Поведение животных. М,1988. С. 464.)

19. Поршнев Б. Ф. *О начале человеческой истории*. М.,1974. С. 44.

20. 例如,梅尔佐夫(Meltzoff, A. N.)比较著名的一篇文章讨论了"新生儿模仿"现象。(Meltzoff, A. N., & Moore, M. K. 1977. Imitation of Facial and Manual Gestures by Human Neonates. Science, 198, 75—78.)

21. Розин В. М. Визуальная культура и восприятие. Как человек видит и понимает мир. Изд. 5. М,2012.

22. 有人可能会反驳这一观点,认为女儿已经从语言中学到了太阳图像的含义,是具有一定语言基础的,知道"太阳"一词指的是什么。但问题是,孩子是如何理解第一个词的含义呢？大概是父母在这方面发挥了巨大的作用。作为一个整体的一部分，他们促进了孩子对一个新资料（如一个词语的发声）形成复杂心理形象的过程。有趣的是，孩子有时也会问这样的问题。例如，丘科夫斯基在《从2到5》一书中列举了一些问题："第一个人是如何出现的？没有人可以把他生出来！"，"第一个妈妈吃谁的奶啊？"，等等。（http://www.litmir.net/br/?b=72192.）

23. "我们成年人的心理活动与语言有着如此密切和深刻的联系，以至于我们愿意把它看成是我们与生俱来的功能。同时，我们的语言发展涉及一个漫长而复杂的过程，在这一过程中，孩子逐渐学会掌握他们成长环境中的语言形式。当我们进入生活时，会发现有一种既有语言，我们必须要掌握它，才能在心理上成熟起来，与我们周围的人进行生活交流。语言同时也赋予我们最丰富的"社会遗产"，我们必须在一定程度上成功掌握它，才能拥有这一社会遗产，而掌握它的过程不会集中在某一时刻，而是会持续很长一段时间，而且也根本不是如生物继承一样处于被动状态，相反，它取决于成长中个体的创造性活动"。（Зеньковский В. Цит. соч. С. 43.）

24. 为什么第二个先决条件是这样，通过后面的阐述我们会逐渐清楚。在这种情况下，笔者构建了理想对象，列出了它的一些特征。

25. Сетон-Томсон Э. *Рассказы о животных*. М., 1983. С. 271.

26. 众所周知，在古代世界里，工具被理解为有生命的物体，人们对其说着咒语，并向其献祭。可能会产生这样一个问题——为什么古人要思考自己的行为？正如之前的研究中所指出的，最初那些对人类有用的作用和效果，以及制造最简单的工具，都不属于生物行为范畴。也就是说，动物是不会完成这些工作的。然而，为了记住并重复这些行为，人们就必须要"脱离"生物行为，并在某种其他基础上展开活动。而且单独一个人是无法做到这些的，必须由首领带领的集体才可以完成。

27. Тейлор Э. *Первобытная культура*. М., 1939. Стр. 228.

28. 特别是在现代文化中，有很多奇特的设想，例如，关于猛犸象或恐龙的世界。这些设想首先在研究（知识）中再现，然后在电视、电影中出现，之后在虚拟现实（3D—4D）的空间中展现，再下一步，就有可能在物质上实现了，如克隆猛犸象的可能性已经在讨论之中。然而，实现具有符号学意义和物质再现的历史，其实早在古代文化时期就已经开始。例如，人们认为死亡是灵魂离开了身体，因此要为离去的灵魂建造"房屋"（坟墓），在那里放置逝者的所有物品和器具，以便灵魂可以使用它们。正如笔者所描述的，古埃及金字塔和木乃伊便是作为一个复杂文化场景的物质体现而创造的，在这个场景中，法老的灵魂在他死后沿着金字塔走向天堂（毕竟，他是太阳神），神身体内的魂灵，在奥西里斯神的冥王国度中经历一个净化循环后，留在金字塔和木乃伊之中。（参见 Розин В. М. *Философия техники. От египетских пирамид до виртуальных реальностей.* М., 2001。）

29. 泽科夫斯基写道："例如，当孩子们'扮演父母'时，他们会模仿从父母那里观察到的动作，并重复这些动作。当孩子复述从父母那里听到的话时，表面上看起来仿佛孩子已置身于父母的位置。孩子进入自己的'角色'，做出一系列动作，不由自主地任想象力翱翔，这是这个游戏最为生动的部分。想象的过程是根据模糊的情感，深入体验父母的内心活动。孩子们通过自己构思的形象，自由地、身心投入地扮演父母的角色。表面的行为同样会引起情绪的变化，孩子会体验到由幻想游戏带来的新情绪，而不是相反。如果根据上面给出的解释，只把想象当作表达感受的手段，这怎么可能呢？这是一个非常棘手的问题，但它关系到我们表现出来的情绪的全部秘密，'深入感语'和在感受上接近生活新现象的所有秘密，用自己的素材丰富感受。在这里，理智不仅无助于这种情感向新的生活领域渗透，反而会成为阻碍。"（Зеньковский В. Цит. соч. С. 52.）

30. Чуковский К. От двух до пяти. http://www.litmir.net/br/? b = 72192.

31. Грант Д. П. Философия, культура и технология: перспективы на будущее// Социальные проблемы современной техники（Препринт）. ИФ РАН. М., 1986. С. 4, 5.

32. https://ru.wikipedia.org/wiki/Технологическая карта.

33. 同上。

34. Wig D. N. *Techology, Phylosophy and Politics* // Technology and politics. Daham, L., 1988. C. 8, 10.

35. Энгельмейер П. Философия техники. Вып. 3. М., 1912. С. 89, Вып. 4. М., 1913. С. 143.

36. Шпенглер О. Деньги и машины. М.,1922. С. 457.

37. Хайдеггер М. Вопрос о технике // Мартин Хайдеггер Время и бытие:

Статьи и выступления. М.,1993.

38. Wig D. N. Techology, Phylosophy And Politics. C. 15.

39. Weinberg A. Can Technology Replace Social Engineerig // Technology and the Future. N. Y. 1986.

40. Щадов М. И. Чернегов Ю. А. Чернегов Н. Ю. Методология инженерного творчества в минерально-сырьевом комплексе. Т. 1，М., 1995. C. 119.

41. Кудрин Б. И. Технетика: Новая парадигма философии техники (третья научная картина мира) Препринт. Томск，1998. C. 31.

42. 同上，C. 6,17,36。

43. 同上，C. 16,37.

44. Кудрин Б. И. *Введение в технетику.* Томск 1993；Кудрин Б. И. *Введение в науку о технической реальности.* Автореферат докторской дисс. М., 1996.

45. Хайдеггер М. *Вопрос о технике.* C. 253.

46. 同上，C. 254。

47. Хейердал Т. Аку-Аку. М., 1959. C. 141—148.

48. Розин В. М. *Культурология.* 2-е изд. М., 2003. C. 115—133,153—155.

49. Аристотель. Метафизика. М., 1934. C. 29, 223.

50. Аристотель. Аналитики. М., 1952. C. 224.

51. Ахманов А. С. Логическое учение Аристотеля. М., 1960.

52. "为什么天体总是不停地在运动,是什么力量在驱动它们？我认为,首先是'原动力',其次是'活的理智'(上帝),其意志就是天体永动的原因。有一种存在,永不停息地循环运动；很显然这不仅是一个合乎逻辑的结论,而且是一个真实的事实,因此第一重天可以认为是永恒的存在。某些物体运动着并同时驱动其他物体处于媒介状态,还有一些东西本身是不运动的,但却可以驱动其他物体运动,是一种永恒的实体和真实的活动。比如,愿望和思考以这种方式驱动对象,但本身并不运动……与此同时,理智通过关联思考的对象,自我反思：它是可以想象的,关联自己思考和理智的对象,其思考的事物无疑也是有生命力的,或者说理智的活动是有生命力的……它的活动,正如它本身一样,是最好的永恒生命"(亚里士多德《形而上学》第211页)。在这里,存在的原因是上帝的智慧和思考。亚里士多德坚信,在地球上,理智是一切存在的原因,它是运动和变化的根源,哲学家通过思考获得了知识,然后揭示事物的本质。

53. Аристотель. Категории. Соч. в 4-х т. Т. 2. М., 1978. С. 57.

54. Аристотель. Метафизика. М. -Л. 1934. С. 122.

55. Аристотель. О Пуше. Глава 10. http://e-libra.ru/read/240475-o-dushe.html.

56. 弗兰克写道:"根据亚里士多德的说法,'自然的'与'人工的'出现了一致,因其本质都是基于某种目的、某种'为什么'。为了使此种结论更有说服力,亚里士多德补充说,'自然的'和'人工的'互为彼此:'一般来说,在某些情况下,人工完成了自然无法产生的东西,而某些情况下也可以模仿它',如果过程目的达成,那么亚里士多德称之为自然的美德;如果违背有序过程导致失败,那么亚里士多德称之为脱离自然,从而退出目的的过程。亚里士多德非常明确地把评估和分级与他的自然概念的目的论结构联系起来:完成比不完成更重要,无论是从自然属性,还是从定义和时间来看。正如亚里士多德后来说的那样'自然以最好的方式完成所有事情'。"( Франк Х. Холистическое и дифференциальное понимание природы: Аристотель—Руссо—Деррида—Луман. http://credonew.ru/content/view/386/29/. )

57. Лосев А. Ф. История античной эстетики гл. 4. С. 128—130. http://psylib.org.ua/books/lose004/txt41.htm.

58. Гуковский М. А. Механика Леонардо да Винчи. М.,-Л., 1947. С. 19.

59. Григорьян А. Т, Зубов В. П. Очерки развития основных понятий механики. М., 1962. С. 94.

60. 同上。

61. Гуковский. Цит. соч. С. 24.

62. Григорьян А. Т., Зубов В. П. Цит. соч. С. 71.

63. Аристотель. Метафизика. С. 82, 123.

64. 同上,C. 91—92。

65. 这可能就是为什么亚里士多德的重大发现只能由个别的、非常有才华的科学家-工程师成功地掌握和使用(甚至只在三个特定领域),如欧多克斯(Eudoxus)、阿基塔斯(Archytas)、阿基米德和喜帕恰斯(Hipparchus)等。他们中的很多人一直铭记柏拉图的教导,柏拉图认为从事技术工作会远离理念和至高境界,阻碍通往不朽的道路。绝大多数古代技术人员仍按旧方式工作,即用"配方"

来工作,其中很多人更愿意撰写神秘学文章,而不是哲学文章。在这些文章中,出现了帮助其进行实践的原理,例如,"一个元素可取悦于另一个元素","一个元素统治另一个元素","一个元素征服另一个元素","谷物产生谷物,人生人,所以黄金可以带来黄金"。(Дильс Г. Античная техника. М., - Л., 1934. С. 116, 127.)

66. 试比较:"按照我的论点,每个哲学感悟都来自神,我证明这种有效的智慧首先来自上帝,其次来自给我们启示的天使"。(Роджер Бэкон. Цит. соч. С. 93.)

67. Фичино М. Комментарий на Пир ( Платона ) // История эстетики. С. 503—504.

68. Творения Иоанна Златоуста, Архиепископа Константинопольского. СПб., 1896, т. 2, кн. 1. С. 394.

69. Цит. по Гайденко П. П. Эволюция понятия науки. М., 1980. С. 400.

70. Неретина С. С. *Верующий разум. К истории средневековой философии.* Архангельск, 1995. С. 229.

71. 戈里高里耶娃在一部非常有趣和精妙的著作 ( Парадоксы платоновского. Тимея: диалог и гимн. // Поэтика древнегреческой литературы. М., 1981.) 中令人信服地表明,柏拉图《蒂迈欧篇》中的缔造者不仅是一个创造者,而且还兼具祭司与"织布工"双重身份:作为祭司,他设计并计算着宇宙天体的运行规律,然后根据这些计算结果创造宇宙;而作为"织布工",他创造(织造)着这个世界。关于缔造者的第一个身份,我们可以联想到宙斯,第二个身份则可以联想到帕拉斯·雅典娜。宇宙和自然元素(如天空、行星、火、水、地球、空气等)不仅是由计算它们的缔造者创建出来的,而且其本身也内在地蕴含着数学关系。( Тайденко П. П. Эволюция понятия науки. М., 1980. С. 233.) 柏拉图对于人的性质的描述也同样有趣。他指出,诸神不仅能够构思和运算,还根据计算造出了人,而且人类自己也有能力构思、运算并进行创造。

72. Бэкон Р. Opus Tertium // Антология средневековой мысли. Т. 2. М., 2002. Стр. 103—109.

73. 同上, Стр. 92, 93。

74. Григорьян А., Зубов В. Цит. соч. С. 81.

75. 同上, С. 83—84。

76. Неретина С. С. Марионетка из рая // Традиционная и современная

технология. М., 1999. С. 192—195, 199—200.

77. Кузанский Н. Собрание соч. в 2-х т. Т. 1. М., 1979. С. 435.

78. 同上, Т. 2. М, С. 162。

79. История эстетики. Памятники мировой эстетической мысли. В 2т. М., 1962. Т. 1. С. 468.

80. Галилей Г. Беседы и математические доказательства, касающиеся двух новых отраслей науки, относящихся к механике и местному движению. Сочинения. Т. 1, М.-Л., 1934. С. 37.

81. Бэкон Ф. Великое восстановление наук // Бэкон Ф. Сочинения в двух томах. Т. 1. М., 1971. С. 71.

82. Бэкон Ф. Новый органон. М., 1935. С. 95, 147.

83. 同上, С. 192—193, С. 200。

84. Кузанский Н. Цит. соч. С. 253.

85. Косарева Л. Цит. соч. С. 29.

86. 同上, С. 30。

87. Бэкон Ф. Новый органон. С. 197.

88. 同上, 95—96。

89. Косырева Л. М. Методологические проблемы исследования развития науки: Галилей и становление экспериментального естествознания // Методологические принципы современных исследований развития науки, Р. С. М., 1989. С. 543.

90. Гайденко П. П. Эволюция понятия науки. М., 1980. С. 516. )

91. Rattansi P. The social interpretation of the seventeenth centure // Science and society, 1600—1900. L., 1972. С. 9—10.

92. Бруно Дж. *Изгнание торжествующего зверя. СПб.*, 1914. С. 162—167.

93. Галилей Г. Беседы и математические доказательства, касающиеся двух новых отраслей науки // Галилей Г. Избранные труды: В 2 - х т. Т. 2. М., 1964; Розин В. М. Типы и дискурсы научного мышления. М., 2001; Розин В. М. Эволюция инженерной и проектной деятельности и мысли. М., 2016. С. 45—57.

94. Галелей Г. Беседы … С. 160.

95. Гюйгенс Х. *Три мемуара по механике.* М., 1951. С. 10.

96. 同上, C. 12—13、79、91。

97. 同上, C. 10。

98. 同上, C. 14—15。"擒纵结构正是这样的机制,虽然齿轮对它的作用力比较小,但它不仅随着钟摆运动,而且在每次摆动时保证了下次摆动的启动,使其成为一个恒定的运动……另外,钟摆具有这样一种特性,即如果不改变其长度,它就会一直保持相同的运动。因此,至少在我们设计的摆动方式中,保证了严格的匀速运动,齿轮不会忽快忽慢,像普通钟表中常见的那样。"

99. Гюйгенс Х. Три мемуара по механике. C. 20—24.

100. Длугач Т. Б. Просвещение // Новая философская энциклопедия. М., 2001.

101. Выготский Л. С. Исторический смысл психологического кризиса // Собр. соч. : В 6 т. - М., 1982. Т. 1. С. 387, 390.

102. Огурцов А. П. Философия науки эпохи Просвещения. ИФ РАН. М., 1993. C. 45, 151—152.

103. Рело Ф. Техника и ее связь с задачею культуры. СПб., 1885. C. 13.

104. Энгельмейер П. К. Философия техники. М., 1912. Вып. 2. C. 124.

105. Иванов Б. И., Чешев В. В. Становление и развитие технических наук. Л., 1977. C. 61.

106. Горохов В. Г., Техника и культура: возникновение философии техники и теории технического творчества в России и Германии в конце XIX - начале XX столетия, М.,《Логос》, 2010. C. 349.

107. 引自 http://neoconomica.ru/theory.php?id=221。

108. 同上。

109. Друкер П. Ф. Задачи менеджмента в XXI веке. Москва* Санкт - Петербург* Киев, 2002. C. 185, 187.

110. 同上, C. 184。

111. Неретина С. С. Тропы и концепты. М., 1999; Неретина С. С., Огурцов А. П. Концепты политической культуры. М., 2010.

112. Розин В. М. Техника и социальность. Философские различения и концепции. М., 2011.

113. http://ru.wikipedia.org/wiki/Создание советской атомной бомбы.

114. http://webground.su/topic/2011/01/16/t174.

115. 当创建纳米技术的目标被提出时，人们尚不清楚这一设想的现实是否属于近代技术发展的范围。有些研究人员认为是，也有些认为不是。

116. Розин В. М. Философия техники. От египетских пирамид до виртуальных реальностей. М., 2001.

117. Симоненко О. Д. Электротехническая наука в первой половине XX века. М., 1988. С. 26.

118. 同上，С. 24。

119. 同上，С. 24—25。

120. 同上，С. 26—27。

121. 同上，С. 27。

122. 引自 Симоненко О. Д. Электротехническая наука в первой половине XX века. С. 28。

123. 引自 Розенбергер Ф. История физики. Часть третья. Вып. 1. М., - Л., 1935. С. 280。

124. 同上，Вып. 2. М., - Л., 1936. С. 379。

125. Симоненко О. Д. Электротехническая наука в первой половине XX века. С. 28.

126. 同上，С. 29—30。

127. 同上，С. 32。

128. 同上，С. 39—40。

129. 同上，С. 39—40、41、51。

130. 同上，С. 51。

131. Розин В. М. Теория культуры. М., 2004；Розин В. М. Право, власть, гражданское общество. Алматы, 2004.

132. Симоненко О. Д. Электротехническая наука в первой половине XX века. С. 58, 65.

133. 同上，С. 35—38。

134. Меерович М. Типология жилища соцгородов - новостроек：

монография // М. Г. Меерович. - Иркутск : Изд - во ИГУ, 2014. С. 5.

135. 同上,С.7—9。梅耶罗维奇写道:"那些在苏维埃制度框架内生活和工作的每个人都知道,居民对当局的决定产生的任何疑问,都不会对其决策有任何影响,更别说是关于住宅的审美需求了。但在普通设计活动中,来自国家管理机关的外在影响不仅是至关重要的,而且是决定性的,这种影响通常不是直接的,而是间接的,包括国家标准的制定、具有普遍约束力的建议的提出、资金额度的划拨、设计类型的规定、家用设备生产的实际种类及规格的限制、工程用地的使用、允许使用的建筑材料范围的界定、严格的意识形态规定,甚至是直接的指示和命令等。对国家的这些行政决策进行批评是不可能的,它们应该被分析并坚决地确定为'积极且有益的'。然而,最终却是方法专家为这些决定所带来的所有负面后果负责。这一传统保留至今,甚至仍然在产生重要的影响。"

136. Меерович М. Расселенческая доктрина России: сегодня и 100 лет назад : монография / Иркутск : Изд - во ИГУ, 2014.

137. 社会主义城市是在工业企业附近建设住宅区而形成的(后来这种特点被术语化为"单一城市")。这类城市的建设宗旨是发挥"新迁居点支柱"的作用——接收、容纳作为"新无产者"的群众,并为其提供就业,这些群众是被迫脱离土地并参与工业生产的农民,他们进入城市并在这里被纳入生产和生活集体。通过工人村项目,当局实现了:(1)统一管理全国生产体系;(2)国家有计划地在社会劳动集体之间全面分配物资、产品和社会福利;(3)劳动动员措施——在全国范围内重新分配劳动力,并将其保留在原地,以便施行全民义务劳动制;(4)军事动员措施。

工人村建设理论的原则是,精确计算劳动力定额,人为地把他们固定到工作所在地。按计划分配劳动力资源,按配额发放粮食、物品并提供相应服务。在整个国家范围内,人为地组织人口的强制迁移,旨在为工业建设新建工程配备足够的劳动力。( Меерович М. Типология жилища соцгородов - новостроек. С. 120, 123. )

138. 同上,С. 126。

139. Меерович М. Расселенческая доктрина России: сегодня и 100 лет назад : монография / Иркутск : Изд - во ИГУ, 2014.

140. 要向纳粹精英传达的另一个指令是,必须要最终解决犹太人问题。但是，众所周知，除了这些指令，在国家社会主义德国工人党（NSDAP）1920年颁布的纲要中，纳粹还列出了25条其他主张：

（1）团结德国境内的所有德国人；

（2）摒弃《凡尔赛条约》的条款，确定德国有权自主建立与其他国家的关系；

（3）扩大领土，以保障为日益增长的德国人口提供足够的粮食生产和居住条件（即"生存空间"，20世纪三四十年代纳粹德国用来为其侵略扩张政策的辩护词）；

（4）根据种族特征授予公民权；犹太人不得成为德国公民；

（5）在德国的非德籍人只能作为客人和相关法律的主体；

（6）不得因私人关系任命正式职位，只能依据被任命者的能力和资格来任命；

（7）保障公民的生活条件是国家的首要职责；由于缺乏公共资源，非公民应被排除在受益者范围之外；

（8）必须停止接纳非德国人进入德国；

（9）参加选举是所有公民的权利和义务；

（10）每个公民都有义务为共同利益而工作；

（11）非法收益一律予以收缴；

（12）以战争为代价获取的所有收益都将归国家所有；

（13）所有大型企业应实行国有化；

（14）工人和员工参与所有大型行业的利润分配；

（15）为居民提供与其贡献相匹配的养老金；

（16）必须支持小生产者和贸易商，将大型商店的业务转让给他们；

（17）进行土地所有制改革，禁止土地投机买卖；

（18）对犯罪行为实施严格的刑事处罚，对投机者处以死刑；

（19）实行"日耳曼法"，取代"罗马通用法"；

（20）全面重建国家教育体系；

（21）国家有义务为孕产妇提供保障，并鼓励年轻人的发展；

（22）用国家军队取代雇佣军，实行普遍征兵制；

（23）只有德籍人才能拥有大众媒体；非德籍人不得从事该行业；

（24）宗教信仰自由，但损害德国种族利益的宗教除外；政党不得与任何特别

信仰相关联,坚决反对犹太唯物主义;

(25) 建立可有效实施立法的强大中央权力机关。(http://www.hrono.ru/organ/ukaz_n/nsdap.php.)

141. 定义受害群体为一个不同的类别(所有定义都意味着将整体分成两部分——标记和未标记),任何适用于此类别的事物都不适用于其他所有人。根据这样的定义,某一群体成为享受特殊待遇的对象;对"普通"人来说适用的规则,对这一群体来说却未必适用。此外,群体中的个别成员现在也成为某类样本。纳粹最大的成功是,使犹太人失去"名分"。越多的犹太人被驱逐出公共生活,似乎就越符合反犹太人的宣传,这种宣传变得越来越强大,而留在德国的犹太人就越来越少。

142. 1930 年,伏尔加格勒拖拉机厂建成后,索尔·布隆与卡恩签订了一份为期 3 年(1930—1932 年)的合同。在此期间,俄罗斯共建造 521 家工厂,合同总金额达到 25 亿美元。按照现在的汇率换算,相当于 2500 亿美元!在这一时期建造了哪些工厂呢?以下摘录自赫梅尔尼茨基(Дмитрий Хмельницкий)文章中所列出的一份清单:在伏尔加格勒、车里雅宾斯克、哈尔科夫、托木斯克建造了拖拉机厂;在克拉马托尔斯克和托木斯克建造了飞机厂;在车里雅宾斯克、莫斯科、伏尔加格勒、下诺夫哥罗德、萨马拉建造了汽车厂;在车里雅宾斯克、第聂伯罗彼得罗夫斯克、哈尔科夫、科洛姆纳、柳别列茨克、马格尼托哥尔斯克、下塔吉尔、伏尔加格勒建造锻造车间;在卡卢加、新西伯利亚、最高尼亚索德建造了机床厂;在莫斯科建轧钢机厂;在车里雅宾斯克、第聂伯罗彼得罗夫斯克、哈尔科夫、科洛姆纳、柳别列茨克、马格尼托哥尔斯克、索莫沃、伏尔加格勒建造了铸造厂;在车里雅宾斯克、柳别列茨克、波多利斯克、伏尔加格勒、斯维尔德洛夫斯克建造了机械车间;此外,还建造了雅库茨克热电厂,以及卡门斯基、科洛姆纳、库兹涅茨克、马格尼托戈尔斯克、下塔吉尔、上塔吉尔、索莫沃等地可以生产铸钢和轧钢机的工厂,在列宁格勒建了铝厂,等等。作为一个美国人,卡恩几乎参与创建了整个苏联的军事工业综合体。(http://berkovich-zametki.com/2011/Zametki/Nomer8/Bazarov1.php.)

143. Меерович М. Альберт Канн, в истории советской индустриализации // 《Проект-Байкал》. 2009, № 20. http://www.archi.ru/lib/publication.html?id=1850569787.

144. 同上。

145. 同上。自政府1928年6月1日颁布《关于整顿工业和电气工程基本建设的措施》后,这项工作正式启动。该文件中关于"利用国外经验和技术成果"的部分,使得最高国民经济委员会可以"引进外国专家在国家工业领域工作,特别是在设计方面为他们提供工作机会"。

1931年3月22日,根据苏联最高苏维埃第158号命令,旨在将国家建设项目领域积累的经验推广到工业设计的其他领域。于是,另一所设计学院成立了,它负责设计军事工业综合体及其重要领域的建造设计,包括化学工业、航空工业、纺织工业、橡胶工业,即国家建设项目No.2。只有在足够数量(饱和数量)的专家通过了国家重点建设项目的组织培训,并且建立一个新的大型项目的骨干团队之后,国家建设项目No.2才能开始实施。

直到1931年年底,苏联最高国民经济委员会"工业与城市建设"规划中最先进的流水线工艺就已经掌控在了自己手中。在此之前,在卡恩公司的美国专家的帮助下,一些项目的改建基本完成,并在国家项目No.1中被采用。而另一些项目由国际恩斯特·梅(Ernst May)集团专家参与到标准城市设计中。

146. 同上。

147. 同上。苏联先锋队主要是由一些被苏联政府意识形态宣扬的社会思想所鼓舞的年轻人构成。他们完全沉浸在设计工作的浪潮中,因为尽管国家当时非常贫困,但是仍然推进了许多大规模的建设项目,革命前的建设规划开始实施,苏联政权部署了旧项目的改造任务,如国家电气化委员会项目、改造运输建设、恢复工业和企业生产、实施新项目、研究探索新思想、实行设计者监督等。虽然斯捷潘诺维奇没有正式进入创作团队,但他的设计风格是"纯工程"的、简易的,吸引了推崇结构主义的领导人的注意,并在机关刊物《现代建筑》上发表了相关设计。

148. 同上。"工业项目设计中运用了两种截然不同的方式——创新的美国方式和传统的俄罗斯方式,这两种方式之间存在着极大的差异,要了解如何弥补这种差异,需要在组织、管理和知识方面作出巨大的努力和付出。在这方面,在建筑设计国家体系中,从事这项工作的年轻领导人意外地获得了结构主义的方法论和其思维方式的帮助。最高国民经济委员会当局精明地从设计院的人员中挑选出这一设计方向的建筑师。正是通过第一个五年计划的工业设计,最终,结构主义的基本原理潜入了该行业的集体潜意识中,随后形成了'苏联功能主义',在这一时期出现的定额、规格及标准的生产体系也建立并确定下来。"

149. 同上。梅耶罗维奇指出:"苏联的工业化进程除了成功建立一个强大的军事工业综合体(被认为是国家工业发展的'引擎')之外,还解决了另一个任务,即形成一个完整的、全国性的、层级制的行政领土结构,把国家各部分统一为一个整体。它是一个支撑架构,其'迁居分布图'首先由工业生产中心构成,再通过交通干线把这些中心连接起来。预计将形成一个统一的、相互关联的'多元'空间——结合经济和技术、社会文化、科学和工业,以及行政和管理功能的综合空间。分散的领土结构是不可接受的,因为它被认为会助长离心力、分裂主义,并最终导致国家的解体。"( M. Меерович . Типология жилища соцгородов-новостроек: монография / М. Г. Меерович. - Иркутск : Изд-во ИГУ, 2014. C. 10—11. )

"有意识地用新的大型工业(无产阶级)中心——'工人村'来巩固领土,发挥全国统一生产和分配过程支撑点的作用,它们被赋予境内居民组织的核心功能,当局为此设置了党政管理体系,体现了重要的国家表征。与此同时,我们注意到,在国家统一分配政治管辖的经济和工人村的情况下,创建正常生活条件和人民生活的良好环境问题,则变得次要了,或者根本没有成为问题,只是在口头上高呼而已。"( M. Меерович. Расселенческая доктрина сегодня и 100 лет назад. Иркутск, 2014. C. 95—96. )

150. 同上, C. 11。"农村居民无权在任何地方随意'迁移',必须依附在农业生产劳动的地方,在那里他们的义务是稳定地生产粮食,定期将它们提供给在工人村居住的工人们。"

同上, C. 33—34。"当局的社会政策旨在将农村移民纳入企业和苏联的集体机构工作,也可以迫使城市无业居民去工作,以加速实现国家人口的'无产阶级化'。人们认为,失业人口很快就会完全消失。"

151. 同上, C. 11。例如,如何将一个国家的领土划分为能够提供一个国家生产和分配过程的行政单位? 或者,在工业化过程中,为了制定有效的政策,应该引入哪些类别的苏联公民(即决定把哪些人迁移到城市,为哪些人创造工作和生活条件,以及应该由谁来领导,等等)? 在社会主义城市中,应该推行怎样的生活方式? 在所有的设计分配方案中,作为社会主义生活方式的一个主要特征,一种新型定居点建立了,就要"在文化教育及日常生活完全集体化的基础上"设计公共住宅。公共住宅区也是一个发达的社会生活综合体,配有食品加工厂、配给网络、浴室和洗衣房、百货商店、邮局、药房、保健站、医院等,以保障居民日常生活的需要;集中的文化服务体系包括劳动文化宫、教育综合体、文化娱乐公园、体育场等,为集体娱乐活动创造了条件;还设有健身房、个人及集体学习室、图书馆、阅览室等,所有这些都要开放给公众使用。此外,还规定必须提供生活服务,如自助食堂,设有单独空间可以处理从食品工厂领取的食物;商业中心可以售卖零食、小商品和日用品、罐头食品、水等;信息中心设有邮局、电报局、储蓄银行、咨询台、印刷亭;生活中心设有淋浴、浴室、洗衣房、洗手间、理发店等。儿童教育也主要采用集体形式:为学龄前儿童提供 24 小时住宿的托儿所和幼儿园,为学龄儿童提供寄宿学校,等等。

同上,C.18—19。实行这些原则并消除差异(如"生活的社会化""无产者的交流""日常生活及娱乐需求""公共用途"等),旨在将自然形成的过程分解为可操控的标准化单元。

152. 同上,C.17,28—29,31,34,39,40—41,51。

153. 同上,C.24。

154. 同上,C.25。

155. 同上,C.76。

156. 同上,C.77。

157. 同上,C.82—83。

158. 同上,C.86。

159. 帆布棚是个什么东西,根本无法安装。

160. 同上,C.89—90。

161. 同上,C.93—94。

162. 同上,C.51。如何理解梅耶罗维奇在书中所列的资料,这种工艺是在几个方面形成的,其中包括:对居民的意识形态施加影响,采取高层决策,组建公司,选址,划拨资金,寻找专家,输送人员和设备等,最后是设计和施工。例如,"定居点设计程序分为以下几个阶段:(1)计算标准人数;(2)选择某种类型的建筑物,确定建造层数;(3)根据此种类型及通常建筑层数推出建筑物的密度;(4)计算建造定居点所需的土地面积"。

163. 同上,C.54。

164. 同上,C.118—119。

165. 同上, C.16。"在苏联分散迁居理论的框架内,工作地点被解释为人们扎根生活的主要依据。它完成了以下职能:(1)向工人及其家庭成员分配生活资料,比如工资配额,从国家基金中提供住房、食品和被服用品等;(2)提供社会福利,如幼儿园、综合诊所、疗养院、旅游营地等;(3)组织娱乐活动;(4)赋予特权,如鼓励改善住房质量或扩大住房面积,通过加入组织内社会群体,来调整人们的食物配比等。"(Меерович М. Расселенческая доктрина … C.99—100.)

166. 同上, C.95。

167. 同上, C.116。

168. 阿里·盖茨(Ali Geitz)把这一点解释为物质和制度的原因,他说,"在前所未有的大规模战争期间,纳粹主义者竭尽全力为德国人提供福利、社会平等,以及垂直性社会动员能力,也都是前所未有的"。"这就是为什么一个可怕的大规模犯罪政权,同时也是一个具有强大群众基础的政权"。阿里认为,希特勒政权内部从未出现过重大矛盾,并且在战后初期,德国人也未有战争负罪感,这或许是其政权稳固的原因。也正是因此,希特勒政权才有能力吸引绝大多数(95%)的德国人。他们在战前和战争期间的生活水平高得令人难以置信。当东线发生战况,政府难以继续为德国人提供已经习惯的高水平生活,尤其是食物供应开始紧张时,正如另一位德国历史学家克里斯蒂安·格拉赫(Christian Gerlach)所说,它们成为加速欧洲犹太人灭绝的原因之一。这也从多方面解释了因饥饿和寒冷而杀死数百万名苏联战俘的情况。通过出售从犹太人手中夺取的财产,纳粹得以向资本市场、房地产,甚至服装市场和零售贸易投放更多数量的物资,从而部分地缓解了战争期间日用品和贵重物品需求的急剧增长。问题是:那些被抢劫、被驱逐的人和被谋杀的人,他们的财产去了哪里?阿里给出了一个明确的答案:他们的黄金、贵重物品、手表、珠宝、衣物、家居用品,以及车间和商店的设备、货币和证券、房屋和附属建筑等,都出售给了德国当地居民,及其占领区国家的人们。出售犹太人财产的收益流入德国和被占领国家的国家财政储备,然后以清除其来源痕迹的形式被德国人挪用。1942年,德意志帝国银行行长富恩克(Walter Fink)和党卫军元首希姆莱(Heinrich Himmler)商定将在死亡集中营中丧生的犹太人的黄金(包括从嘴里掰断的金牙)、珠宝和现金存放在帝国银行保管,该银行将等价钱款以"Max Heiliger"的名义存在特殊账号。非贵重小件物品(如手表、钢笔、钱包等)则通过特殊商店出售给前线战士;迁移的德侨可以购买昂贵的衣服和鞋子。但所有这些销售收入最终都流向了国家财政,最终划拨到军事预算的相应项目。此外,财政部部长施维林·冯·克罗西格(Graf Schwerin von Krosigk)亲自监督了这一计划的执行情况。现在,我们回到阿里在当今德国得出的最重要的、最痛苦的结论:"该系统是为德国人的利益而创建的。每一个属于'主宰种族'的人,无论是一些纳粹官员,还是95%的德国人,都获得了自己份额的战利品——以放入钱包的现金形式或购买被占领地区、盟国或中立国家犹太人的衣服,睡在他们的床上,这一切都得益于党和国家的帮助。再加上军事人员的工资和津贴,绝大多数德国人在战争期间的生活水平都超过了战前。这种'甜蜜的军事-社会主义福利'维持了群众的精神需要,鼓励他们从意识中清除那些政策的罪恶背景。在战争期间,截至1943年,大多数(70%)德国人,包括工人、小雇员、小官员都无须缴纳直接的军事税;农民有大比例的税收优惠;1941年,养老金也提高了(底层养老金领取者感受更明显)。金融专家提高税收的所有建议都被帝国领导层'出于政治原因拒绝了。'"(http://www.vaadua.org/news/narodnoe-gosudarstvo-gitlera)。来源:Götz Aly - "Hitlers Volkstaat. Raub, Rassenkrieg und nationaler Sozialismus。)

纳粹政府只是在某种程度上才能算作是失败的,如果将其在意识形态的背景下实行的社会福利考虑在内的话。后者,就像魔术一样,将这些福利转化为人们的真正利益,进入他们的价值观,即使这些利益变得越来越少,也足以让他们相信一切都是正确的。

169. Латынина Ю. Радио Эхо Москвы, передача от 10 мая 2015.

170. Щедровицкий Г. П. На досках. Публичные лекции по философии Г. П. Щедровицкого. ШКП. М., 2004. С. 65, 103.

171. Социокультурные утопии XX века. Вып. 4. М., 1987. С. 46.

172. Платон. Государство. Собр. соч. в 3-х томах. Т. 3. М., 1994. С. 130.

173. Платон. Законы. Собр. соч. в 3-х томах. Т. 4. М., 1994. С. 198.

174. Федотова. Модернизация "другой" Европы. М., 1997. С. 14.

175. Платон. Государство. С. 281.

176. Верещагин И. Об архитектурной достоевщине и прочем // Современная архитектура, 1928, N 4. С. 130.

177. Выготский Л. С. Исторический смысл психологического кризиса // Собр. соч. В 6 т. М., 1982. Т. 1. С. 436.

178. Бауман З. Актуальность холокоста. М., 2010. С. 140，117.

179. Ляхов И. И. Социальное конструирование. М., 1970. С. 3.

180. Розин В. М. Эволюция инженерной и проектной деятельности и мысли: Инженерия: становление, развитие, типология. М., 2015.

181. Меерович М. Расселенческая доктрина … . С. 105—106.

182. 同上，С. 102—107，109—110，117—118，121。

183. 同上，С. 125。

184. 同上，С. 122—124。

185. 同上，С. 130。

186. 同上，С. 138。

187. 在这种情况下，我们谈论的不是苏联人所熟知的党或国家政策，而是不同主体的共同活动。在讨论的过程中，他们研究并作出涉及其共同社会生活的决定。正如很多研究所表明的，政治的必要条件是某些形式的民主（法律效力、法规、选举制度及权力划分等），以及各种独立的社会主体。这些主体可以通过政治方法相互影响，但不能通过武力"说服"对方。美国政治理论家汉娜·阿伦特指出，个人、政治和自由是一个整体的三个方面。政治不是社会工程学，但它是在社会活动背景下开启的一个新事物。按照阿伦特的说法，古代的个人是一个个体，一方面他是一个家庭的主人，拥有奴隶，且不需要去谋生；另一方面，在家庭外的公共空间里，他平等地参与作出影响社会命运的决定。政治的前提是个人的自由行为和活动（举动），首先是针对社会变革的行为，其次是与主体利益相关的活动，即只有在其他个体（社会）的支持下才能实现的活动。阿伦特写道："希腊词'αρχειν'具有'开始''领导''统治'的含义，可区分一个自由人的一切，它证明了一种经验，即自由的状态可以开创新事物。正如我们今天所说，自由是在自发性的体验中感受到的。这个具有多方面含义的词说明了以下几点：只有那些已经是统治者的人（即统治奴隶和家庭的户主）才能开启某种新的事物，摆脱谋生需求的束缚，才能在广袤的土地上建功立业，或在城邦中从事民族事务。在这两种情况下，他们已经不再是管理者，而是管理者中的统治者，在与自己同层次人的圈子里周旋。作为领导者，那些为了开始某种新事业或开办新企业的人会求助于他们。毕竟，只有在其他人的帮助下'αρχειν'，统治者、发起者和领导者才能真正地有所作为'πραττειν'（行动、完成之意），完成他开创的事情"（Арендт Х. Что такое

свобода // Между прошлым и будущим.）

188. 在苏联疆域的总体迁移规划中，设计工作正体现了这一理念，并且最终得以实现。

189. Меерович М. Расселенческая доктрина России. C. 134—135.

190. 不论是当时，还是现在，旧的系统一直遭到反对，人们努力尝试重建城市管理系统，研究城市建设的现行管理文件。在 20 世纪 20 年代，革命前的城市管理体系以及在其框架内形成的"城市商业"还一直沿用；而现在，苏联时期的思想意识仍有残余，在其基础上设立的"住房和公共服务"管理和城市管理机构至今仍然在运行。

这种情况的产生与许多社会文化和心理特征相关，不论是在当时还是现在，它们几乎都是同样的——人们对自己的居所状况不负责，不想将自己的资金投入目前状况良好的房屋，因为普通工人和机构雇员的工资不足以保障生活，而且他们也没有多余资金用于房屋维修和保养。住房和公共服务机构的管理工作越来越严格，却不能成为一个尽心尽力的住宅所有者和保护者，等等。初步看来，在目前的情况下，部门联合和垂直整合的结构应采取一种历经考验的方法，即通过建立一个住宅主管部门来加强其影响力及其对员工的监管。

社会迁移理念所设定的许多原则如今已消失在时间的长河里，但"空旷地区"仍然没有被填满。（同上，C. 186。）

191. 同上，C. 145。

192. 同上，C. 184。

193. 同上，C. 147。

194. 值得关注的是，俄罗斯政府对于应有的生活水平有着双重理解：对于精英们是一种，而对于普通民众是另一种。精英们的生活不应该比西方差，如果可能的话甚至应该更好。而大部分普通居民认为，自己的生活过得很好，尽管事实上他们的生活仅仅维持在一个使俄罗斯人倾向于投票给政府的水平。

195. Розин В. М., Голубкова Л. Г. Управление в мировом и российском трендах. Концепция. М., 2013. C. 70—82.

196. Меерович М. Расселенческая доктрина России. C. 145—146.

197. 同上，C. 184—185。

198. http://stroi.mos.ru/12-tochek-rosta-novoi-moskvy.

199. http://www.achhen23.ru/5823364.php.

200. 对专家计划的个别修正不能被视为属于这类反馈。因此，互联网上出现了这样的信息："在'新莫斯科'规划建设的道路和住宅建筑之间的距离应按当地居民的要求增加 7 倍。"（详见：http://stroi.mos.ru/news/po-prosbam-zhitelei-perspektivnye-dorogi-tinao-otodvinuli-podalshe-ot-domov。）

201. "关于特罗伊茨克和新莫斯科行政区（TiNAO）土地规划的公众听证会于2015年春季举行。相关文件的草案提出了建造新道路和住宅小区、公园区及各类基础设施的计划，并将提供新的工作岗位，等等。经过公开讨论，向莫斯科当局发送了3.3万条不同的意见和建议。当局将这些意见和建议列入开发商的土地规划考虑范畴。居民有很多的担忧，包括建筑可能会被拆除，土地可能被没收，未来的高速公路仅距住宅楼10—15米，大规模砍伐高速公路附近的森林，等等。根据居民的意见和建议，一些道路的线路选择得到了调整，从而避免了过多砍伐森林。交通线路交会处和交叉路口也已经被重新规划到居民住宅范围之外"。（详见：http://stroi.mos.ru/news/po-prosbam-zhitelei-perspektivnye-dorogi-tinao-otodvinuli-podalshe-ot-domov。）

202. 格拉齐切夫在他最新的研究和报告中特别指出了以下几点：现代俄罗斯建筑设计师实际上并不具备符合现代需求的设计思想；他们不明白在设计过程中需要为设计对象的活动创建哪些具体的计划；他们忽视整体性，即他们设计的对象只是整体的一部分，却误把其作为一个独立对象；在设计中，他们没有考虑俄罗斯的实际条件，仅仅依靠西方经验，而且这些经验常常是负面的。

203. 可以这么说，"少数情况"的独特性取决于"社会文化大环境"的多样性和混合性：特大城市、大中小城市、地区，几乎每个级别都具有不同的生活条件；南方、北方、西方和东方；不同信仰民众的主要居住地；移民浪潮；值得注意的是，出现了一种新情况，即非全职工作或不工作居民的数量逐年在增加，根据某些统计数据，此类居民在俄罗斯已经超过1500万。

204. 试比较："居民聚集点——是一种地区管理类型，在联邦政府（联邦主体）和地方自治政府（市政府）之间形成了中间层——地方自治及州政府的共同组织。这一级别可以合法地协调并整合市政当局和联邦当局的财政资源，以解决共同任务"。（Меерович М. Расселенческая доктрина России. С. 145.）

205. 在当代俄罗斯，居民聚居要求其构成的每个居民点发挥共同、可协调和相互关联的管理作用。因为作为聚居区组成部分的城市实体，它的政策必然会影响其他城市实体的生活。必须要制定协调方案，发展构成聚居区的所有城市实体，这些实体在俄罗斯境内是真实的存在，但尚待取得合法的管理形式。（同上，C.190。）

206. http://archi-dizain.blogspot.ru/2011/02/blog-post_15.html; http://stroy-spravka.ru/article/tipy-kinoteatrov-klassifikatsiya.

207. 同上。

208. 在莫斯科电影院网络组织中，电影业务积极采用西方两种流行的解决方案。第一种方案是，电影院持续发展，并扩展了其作为独立休闲中心的功能，提高了观众实际观影的机会。这主要通过建立多厅电影院，可以放映广泛多样的影片，让观众不必等待下一次放映即可观看，同时还扩大了影院配套的服务系统。第二种方案是，现代多厅电影院正在以另一种休闲服务的形式，作为伴随元素修建在新兴的大型购物和娱乐中心内部。购物和娱乐综合体的管理部门对此表现出了兴趣，因为通过引入另一种类型的娱乐方式而扩大了顾客群体，而影院则可吸引"随机"的观众，即那些通常前往大型综合中心，仅是顺便进入了影院的顾客。这种新的城市规划方式，加上电影放映的技术创新，使电影业不仅能够以新的休闲形式出现，在家庭文化迅速发展的情况下，有效地避免了电影观众的减少，而且还能显著增加观众的数量。（Жукова Т. М., Сазонов Б. В. Социокультурные проблемы в муниципальном управлении. М., Изд. ЛКИ, 2007.）

209.《巴比伦神正论》中的受难者感叹：

  我从我所敬拜的神那里得到了什么啊!？

  在比我低贱的人面前俯身，

  年幼的人、富有的人和骄傲的人都在蔑视我。

  这就是原因。

  我看着这个世界——事情不是这样的：

  上帝不会为魔鬼开路，

  父亲在河边拖着船，

  他成年的儿子却躺在床上。

（引自：Клочков И. Духовная культура Вавилонии: человек, судьба, время. М., 1983., C. 35, 85—86。）

克洛奇科夫写道："很显然，恶人会接受众神的惩罚遭受痛苦，但为什么虔诚的人要分享他们的命运？"还有另一本黏土书《无辜的受难者》中曾描写过英雄的抱怨：

> 是谁未向神祭酒，
>
> 用餐时，未呼唤女神，
>
> 是谁未跌倒，就不会顶礼膜拜，
>
> 那些哀求和祈祷是从谁的口中流出。
>
> 不尊重节日，没有一天不在蔑视上帝，
>
> 他放浪形骸，藐视礼仪，
>
> 是谁教导人们放弃崇拜和侍奉？
>
> 未向神求助，却吃掉了献祭的食物，
>
> 他抛弃了他的女神，不为她呈献祭品，
>
> 我也变得一样了。
>
> 毕竟我自己还记得祈祷，
>
> 祈祷就是理慧，规则就是牺牲，
>
> 信奉上帝的日子，抚慰了心灵，
>
> 女神出现的日子，带来了丰盈和收获。
>
> 为王祈祷是我的喜悦……
>
> 我想知道，上帝是否满意；
>
> 对人类有益的，在神面前却是罪过，
>
> 人厌恶的，却是上帝喜爱的！
>
> 又有谁知晓上天诸神的旨意呢？

（引自：同上，C.120。）

210. 同上，C.46。

211. Леон- Портилья М. Философия нагуа. М., 1961. С. 266—275.

212. 按照阿伦特的说法，一个自由的古代人的特征与我认为的"正在形成的古代人的个体"的特征是一致的。（参见：Розин В. М. Личность и ее изучение. М., 2004, 2012。）

213. 现在使用的是打孔的磁带、磁盘及光盘。

214. Мамардашвили М. Лекции о Прусте. М. 1982. С. 354.

215. 在我看来，现在的俄罗斯社会可以说是病了。虽然它今天生病了，但是明天它也可能会醒来并被治愈。当然,条件是人们要保持文化和社会的联系,以及生活本能。

216. 电子纸,甚至还有电子墨水,是一种显示信息的新工艺,旨在基于电泳技术模拟纸张上的常规印刷物,……电子纸在反射光中形成的图像,就如同在普通纸上书写一样,能够在足够长的时间内保存文稿和图像,这种使用状态也并不耗电,只在图像变换时耗费电能。( https://ru.wikipedia.org/wiki/%D0%AD%D0%BB%D0%B5%D0%BA%D1%82%D1%80%D0%BE%D0%BD%D0%BD%D0%B0%D1%8F_%D0%B1%D1%83%D0%BC%D0%B0%D0%B3%D0%B0. )

217. Штейнер Р. Очерк Тайноведения. М.,1916. С. 295—297.

218. Цит. по Гуковский М. А. Механика Леонардо да Винчи. М. - Л., 1947. Стр. 253.

219. Знамеровская Т. Проблемы кватроченто и творчество Мазаччо. Л., 1975. Стр. 153—155.

220. Ревалд Д. История импрессионизма. М., 1959. С. 118, 256, 198.

221. Розин В. М. Техника и социальность // Вопросы философии. N 5. 2005.

222. Бахтин М. Искусство и ответственность //. Эстетика словесного творчества. М., 1979. С. 5—6.

223. Грант Д. П. Философия, культура, технология: перспективы на будущее.// Социальные проблемы современной техники ( Препринт ). ИФ РАН. М., 1986. С. 7.

224. 参见:Голубковой. См. Розин В. М., Голубкова Л. Г. Интернет и мобильная связь как глобальная техника-постав, живой организм и риск // Розин В. М. Конституирование и природа индивидуализации. М.-Тверь, 2014. С. 120—132。

225. http://webground.su/topic/2011/01/16/t174.

226. 海德格尔在《技术与追问》中引入的术语,强调了不仅是技术,人也在"维持生产"的运行链中。

227. 医学的技术化导致个体特性被忽视,并使治疗失去了完整统一性,加剧了用平均的、同样治疗方式来对待不同人的趋势。科学的医学越来越多地与个体无关,而只涉及医疗技术的对象。( Розин В. М. Концепция здоровья. М., 2011.)

228. Розин В. М. Эволюция инженерной и проектной мысли. Инженерия: становление, развитие, типология. М., 2013. С. 120—142.

229. Сети передачи данных. Методы доступа. Семенов Ю. А. (ГНЦ ИТЭФ) http://book.itep.ru/4/net_4.htm.

230. https://ru.wikipedia.org/wiki/%D0%9E%D0%B1%D0%BB%D0%B0%D1%87%D0%BD%D0%BE%D0%B5_%D1%85%D1%80%D0%B0%D0%BD%D0%B8%D0%BB%D0%B8%D1%89%D0%B5_%D0%B4%D0%B0%D0%BD%D0%BD%D1%8B%D1%85.

231. 大多数基因都是由一些单独的片段组成。其中一些片段(即"编码序列")可以编码蛋白质,而另一些片段(即"间插序列")则位于编码序列之间,不能编码任何蛋白质。基因具有被生物学家称为"剪接"的惊人能力:剪掉间插序列并把它与位于旁边或远处的编码序列连接起来。通过剪接,一个基因可以不只编码一个蛋白质(所以要放弃之前的假定),可以编码几个蛋白质(理论上最多可达1000个蛋白质。实际上总的来看,有三种不同的蛋白质)。一个同样令人惊讶的事实是,两种完全不同的蛋白质和核糖核酸(RNA)的信息可以记录在同一个脱氧核糖核酸(DNA)点位上。(Тарантул В. З. ГЕНОМ ЧЕЛОВЕКА: энциклопедия, написанная четырьмя буквами. М., 2003. С. 91, 92, 106.)

232. 为了解释基因组的起源,生物学家转而研究信息论、语言学和技术领域,并从中借用相应的科学解释。例如,虽然塔兰图尔没有直接断言,但其描述仿佛暗示有人专门把2米长的DNA包装了起来。他对这一包装的"技术性"描述,不经意地勾勒出某个"技术人-创造者"的形象。塔兰图尔写道:"事实证明,在细胞核中存在着DNA分子'坚硬的'保护壳,这是通过确保DNA双螺旋弯曲的特殊机制来实现的。细胞中DNA的'包装'不只一层。"(цит. Соч. С. 51—52)。塔兰图尔是否是偶然使用了技术和语言学的隐喻和解释?毫无疑问,并不是,这些类比是自然产生的。确实,如果只是推测分子生物学家是如何做的,那么,基因组就是类似于兼具计算机程序和复杂语言文本的装置。认知的前景就此展开——解码程序旨在了解最复杂的"技术设备"——人体——的功能,虽然这个"装置(程序文本)"的结构大家早已知晓。然而,一切可以出现转折,在最早一批技术哲学家,如E.卡普(E. Kapp)和恩格尔迈尔(P. Engelmeyer)之后,有人提出了技术本身就是进化的产物的说法。而事实上,现代技术研究表明,它的产生与其说是源于人类的发明才智,不如说是在各种文化和社会因素的影响下形成的。

233. 众所周知,国家会对互联网用户实行监控,其中包括法律审查和通话过滤系统。一些国家,政治审查比封锁不道德的网站要严厉得多。( Борис Лихтман, Андрей Сидельников Правительства берут интернет под контроль. http://www.infosecurity. ru/_gazeta/content/091225/art2. shtml. )

234. 就好像人在城市里随着交通工具的速度移动;又如在夜晚,使用电灯可以"看见事物";穿着衣服,在家里就不怕寒冷和酷热;同样,使用互联网和移动通信,可以与地球另一边的人进行交谈,直接从伦敦图书馆获取资料,解决各种任务,看电影;以及诸多其他不借助这些技术手段仅凭自身不可能实现的活动。

235. Л. Г. Голубкова, В. М. Розин Стандартизация качества управления как условие становления и развития современного производственного организма // Политика и общество. 2011. N 4.

236. Международный стандарт ISO 9001:2008(R), Четвертое издание 2008 – 11 – 15. ISO, 2008. C. 7.

237. История экономических учений. Учебное пособие. М., 2003. C. 45—46.

238. Кант И. Сочинения в шести томах. Т. 6. М., 1966. C. 279, 286.

239. Беляев В. А. Технологии справедливости техногенного мира. М., 2010. Стр. 59.

240. 同上, Стр. 159—160。

241. Голубкова Л. Г., Розин ВМ. Философия управления. Йошкар-Ола, 2010.

242. Друкер П. Ф. Задачи менеджмента в XXI веке. Москва, Санкт-Петербург, Киев, 2002. C. 88—90.

243. 同上, C. 90。

244. Салмон. Р. Будущее менеджмента. СПб, 2004. C. 95, 96, 98, 100, 102, 224.

245. Розин В. М. Семиотические исследования. М., 2001.

246. Розин В. М. Теоретическая и прикладная культурология. М., 2007. Стр. 232—354.

247. Прохоров А. П. Русская модель управления. М., 2002. Стр. 28, 70, 77,

83，84，100，119.

248. http://refleader.ru/qaspolqaspol.html.

249. ЕС. N 26(705). 2016. С. 11.

250. Розин В. М. Как в настоящее время можно осмыслить концепцию искусственного интеллекта? // Искусственный интеллект：междисциплинарный подход. М., 2006. С. 194—208.

251. http://refleader.ru/qaspolqaspol.html.

252. http://www.osp.ru/news/2012/0928/13015012/.

253. Розин В. М. Три этапа формирования технологии в культуре нового времени // Тренды и управление. N4. 2015. С. 336—347.

254. Розин В. М. Эволюция инженерной и проектной мысли. Инженерия：Становление，Развитие，Типология. М., 2015. С. 123.

255. http://www.pvsm.ru/dopolnennaya-real-nost/102104/print.

256. http://news.bcm.ru/auto/2012/11/19/632093/1.

# 译后记

本书是俄罗斯著名哲学家罗津研究技术与工艺成果的总结,是他近年出版的一部重要的技术哲学著作。罗津博士是俄罗斯科学院哲学研究所资深研究员,他知识面广博,著作等身,在方法论和技术哲学方面的著述尤为精湛。他的第一部署名"技术哲学"的著作——《技术哲学——从埃及金字塔到虚拟现实》在2001年出版后,他又连续发表了几部技术哲学方面的论著,但是他总觉得,这些研究对技术活动的一个重要方面,即对工艺的研究有所不足,为此他加深了对工艺的研究,并将其研究成果汇总于伏尔加格勒国立技术大学出版社在2016年出版的《技术与工艺——从石器到互联网与机器人》一书中。

在本书中,罗津首先从方法论的角度提出了研究技术和工艺的四种方法:演化分析法、配置分析法、关联分析法和专题分析法。在第二章中,探讨了人类和技术的起源,认为技术的起源表明技术及人类是同时产生的,没有人类对自然因素的思考,就不可能出现技术;相反也同样,没有技术发明及其广泛的应用,人就不可能称之为人。在第三章中,提出并分析了技术发展的三个主要阶段:第一阶段从古代到中世纪初期,在这一阶段技术与魔法是混同的;第二阶段始于古希腊和中世纪,到16—18世纪才形成,与同时期形成的工程学相结合而出现工程技术,完成了"经验技术"向"工程技术"的演变;技术发展的第三阶段则是后工业文明。工艺的起源要比技术晚得多,最初形成的工艺属于

"狭义的工艺",是工业生产和资本主义竞争条件下实现的工艺活动;随后形成的现代工艺属于"广义的工艺",即"全球化工艺"。工艺化的特点是大规模、高质量、标准化的工业制造方法和规则。在第四章中,罗津基于"社会工艺化"的概念研究了社会工艺化在社会建设中的作用,分析了苏联时期创建单一工业城市及建造娱乐项目的类型。在最后一章中,他分析了纸质书籍、艺术与工程产品、互联网、质量标准化和机器人技术等当代处于认知矛盾中的技术问题。罗津在本书中对工艺和技术的概念进行了全面的分析,他认为技术和工艺的概念形成得都很晚,虽然工艺在远古时期就出现了,但对于工艺的认知却是18世纪末到19世纪近代工业生产体系形成后的事。

罗津的《技术哲学——从埃及金字塔到虚拟现实》的中译本已于2018年由上海科技教育出版社列入"哲人石丛书"出版,在其"译后记"中我们已经对技术哲学在俄罗斯和中国的发展作了简要概述。在中国,很早就出现了技艺、技能、技巧、技术等与"技"相关的词语,"技"的含义几乎类似于古希腊的 Techne,泛指所有人工制造的技巧。工艺的概念出现较晚,据《辞源》所载,"工艺"一词最早出现在《新唐书·阎立德传》中,指手工技艺,后来更多的是指艺术作品的手工制作。近代随着西方工业生产方式的传入,也用工艺一词表示工业生产中制和做的方法和程式、规则,如工艺流程、工艺卡片。中国的技术哲学研究在20世纪80年代改革开放后发展很快,培养出不少硕士和博士,每年都有大量文章发表,但是从认识论的角度看,还没有将技术与工艺进行严格的概念区分,对技术和工艺概念的理解也经常是模糊不清的,且很少对工艺进行系统的哲学分析。

《技术与工艺——从石器到互联网与机器人》的中译本出版,得益于上海科技教育出版社领导对技术哲学选题和学术著作出版的重视,责任编辑王洋对译稿认真地进行了编辑加工,在此对他们的工作表示敬意和感谢。

  本书在翻译中对原书的人名尽量采用中国学界已流行的习惯译名，没有习惯译名的参考商务印书馆出版的辛华编写的各种人名译名手册译出。原书没有设人名索引，许多人名第一次出现时已有简要的定性称谓，人名后用括号标出其母语名（非斯拉夫人名大多斯拉夫化），本书翻译中遵从原书。原书将页下注和文后注混编为页下注，造成阅读和排版的不便，本书在编排中将原书的页下注移至文后新设的"参考文献及注释"中。

  受译校者水平所限，不足之处在所难免，恭请读者批评指正。

张艺芳 姜振寰

2024 年 12 月 15 日

图书在版编目(CIP)数据

技术与工艺：从石器到互联网与机器人／(俄罗斯)B.M.罗津著；张艺芳译. -- 上海：上海科技教育出版社, 2025.8. -- (哲人石丛书). -- ISBN 978-7-5428-8399-5

Ⅰ.N49

中国国家版本馆 CIP 数据核字第 2025P3Y699 号

责任编辑　王　洋
装帧设计　李梦雪

JISHU YU GONGYI

**技术与工艺 ——从石器到互联网与机器人**

［俄罗斯］B.M.罗津　著
张艺芳　译
姜振寰　校

| | |
|---|---|
| 出版发行 | 上海科技教育出版社有限公司 |
| | (上海市闵行区号景路159弄A座8楼　邮政编码201101) |
| 网　　址 | www.sste.com　www.ewen.co |
| 经　　销 | 各地新华书店 |
| 印　　刷 | 启东市人民印刷有限公司 |
| 开　　本 | 720×1000　1/16 |
| 印　　张 | 16.75 |
| 版　　次 | 2025年8月第1版 |
| 印　　次 | 2025年8月第1次印刷 |
| 书　　号 | 978-7-5428-8399-5/N·1252 |
| 图　　字 | 09-2023-1170号 |
| 定　　价 | 68.00元 |

Техника и технология
От каменных орудий до Интернета и роботов
by
Вадим Маркович Розин
Copyright © 2016 Вадим Маркович Розин
Chinese (Simplified Characters) Edition copyright © 2025
By Shanghai Scientific & Technological Education Publishing House Co., Ltd.
Published by arrangement with the author
ALL RIGHTS RESERVED